Beuth
publishing DIN

Baustatik – Weggrößenverfahren

Grundlagen
Finite Elemente der Stabstatik
Theorie I. und II. Ordnung

In den meisten modernen baustatischen Programmen wird als rechnerisches Verfahren die Finite Elemente Methode angewendet, welche auf dem Weggrößenverfahren in Matrizenschreibweise basiert. Beim Weggrößenverfahren werden alle Knoten frei geschnitten und es wird das Gleichgewicht in Abhängigkeit der unbekannten Knotenweggrößen formuliert.

Dieses Buch widmet sich ausführlich der Berechnung von ebenen Stabtragwerken, wie Fachwerken, Durchlaufträgern und Rahmentragwerken. Die Finiten Elemente nach Theorie I. und II. Ordnung werden hergeleitet und in vielen Beispielen angewendet. Dadurch wird das Verständnis für diese Methode gefördert und die Leserschaft in die Lage versetzt, baustatische Programme effektiv anwenden und kontrollieren zu können.

Baustatik – Weggrößenverfahren
Grundlagen – Finite Elemente der Stabstatik – Theorie I. und II. Ordnung
von Prof. Dr.-Ing. Gerd Wagenknecht
1. Auflage 2018. 312 S. 24 × 17 cm. Broschiert.
28,00 EUR | ISBN 978-3-410-25631-1

Bestellen Sie unter
Telefon +49 30 2601-1331
Telefax +49 30 2601-1260
kundenservice@beuth.de

Auch als E-Book
nur online erhältlich unter
www.beuth.de/go/baustatik

Beuth Verlag GmbH | Am DIN-Platz | Burggrafenstraße 6 | 10787 Berlin

Prof. Dipl.-Ing. Klaus-Jürgen Schneider
Prof. Dr.-Ing. Günter Schmidt-Gönner

Baustatik-Zahlenbeispiele

Statisch bestimmte Systeme

Auflagerkräfte
Schnittgrößen
Zustandslinien
Verformungen

3., erweiterte und aktualisierte Auflage

Bauwerk

BBB Bauwerk-Basis-Bibliothek

Bibliografische Information der Deutschen Nationalbibliothek
Die Deutsche Nationalbibliothek verzeichnet diese Publikation in der Deutschen Nationalbibliografie; detaillierte bibliografische Daten sind im Internet über http://dnb.d-nb.de abrufbar.

Schneider / Schmidt-Gönner
Baustatik-Zahlenbeispiele

3. Aufl. Berlin: Bauwerk, 2009

ISBN 978-3-410-21569-1

Druck und Bindung:
Medienhaus Plump GmbH, Rheinbreitbach

Vorwort

In der vorliegenden 3. Auflage wurde der zweite Teil (Verformungsberechnung) durch neue Beispiele erweitert. In beiden Teilen wurden die Bezeichnungen aktualisiert. Die alte Bezeichnung für die Querkraft „Q“ wurde durch „V“ ersetzt.

Prof. Schmidt-Gönner dankt Herrn Bernd Eichenseer für seine Mitarbeit bei der Ausarbeitung der Beispiele.

Wir danken dem Bauwerk Verlag für die wiederum sehr gute Zusammenarbeit.

Minden / Saarbrücken
im September 2009

Klaus-Jürgen Schneider
Günter Schmidt-Gönner

Aus dem Vorwort zur 1. Auflage

Um sich produktiv mit der Baustatik auseinander zu setzen, muss man „nachdenken und üben“. Erst die Lösung statischer Fragestellungen an konkreten Beispielen zeigt, ob man die Theorie verstanden hat. Die Grundlage jeder statischen Berechnung (auch der Berechnung statisch unbestimmter Systeme) ist die Ermittlung von Auflagerkräften und Schnittgrößen bei statisch bestimmten Systemen. Dies geschieht mit Hilfe der Gleichgewichtsbedingungen unter Anwendung des Schnittprinzips.

Verformungsberechnungen sind wichtig für den Nachweis der Gebrauchstauglichkeit von Konstruktionen und für die Berechnung von statisch unbestimmten Systemen, z.B. mit Hilfe des Kraftgrößen-Verfahrens.

Die vorliegende Aufgabensammlung besteht aus komplett durchgerechneten Zahlenbeispielen mit ausführlicher Darstellung des Schnittprinzips und der Anwendung der „Arbeitsgleichung“. Dies kann den Studierenden in dreifacher Hinsicht nützlich sein: Vertiefung und Festigung des Vorlesungsstoffes, Hilfestellung beim Lösen von Übungsaufgaben und Klausurvorbereitung.

Während im „Ersten Teil“ dieser Beispielsammlung die Thematik „Auflagerkräfte, Schnittgrößen, Zustandslinien“ behandelt wird (Autor: Prof. Dipl.-Ing. K.-J. Schneider), wird im „Zweiten Teil“ das Thema „Verformungsberechnung“ behandelt (Autor: Prof. Dr.-Ing. G. Schmidt-Gönner).

Inhaltsübersicht Teil 1 Auflagerkräfte und Schnittgrößen

Inhaltsübersicht Teil 2 Verformungsberechnung

Aufgabe 1

Man ermittle die Auflagerkräfte

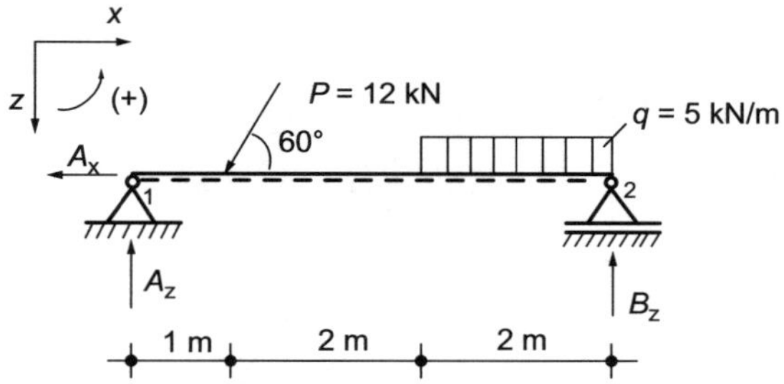

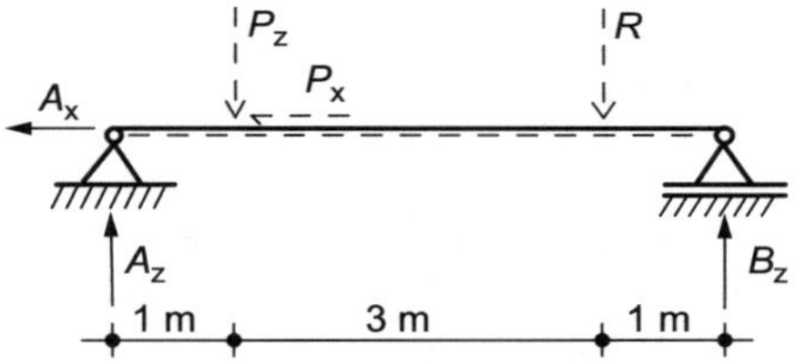

Kraftzerlegung

$P_x = P \cdot \cos 60° = 12 \cdot 0{,}5 = 6{,}0 \text{ kN}$

$P_z = P \cdot \cos 60° = 12 \cdot 0{,}866 = 10{,}4 \text{ kN}$

$R = 5 \cdot 2 = 10 \text{ kN}$

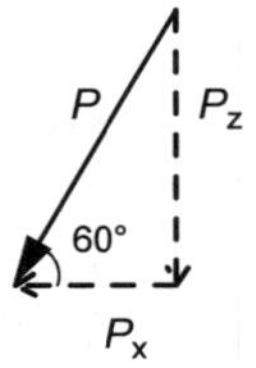

Gleichgewichtsbedingungen

$\Sigma F_x = 0: \quad -A_x - P_x = 0$

$A_x = -P_x$

$A_x = -6 \text{ kN}$

$\Sigma M_2 = 0: \quad -A_z \cdot 5 + P_z \cdot 4 + R \cdot 1 = 0$

$$A_z = \frac{1}{5}(P_z \cdot 4 + R \cdot 1) = \frac{1}{5}(10{,}4 \cdot 4 + 10 \cdot 1)$$

$A_z = 10{,}3 \text{ kN}$

$\Sigma F_z = 0: \quad -A_z - B_z + P_z + R = 0$

$B_z = -A_z + P_z + R = -10{,}3 + 10{,}4 + 10$

$B_z = 10{,}1 \text{ kN}$

Kontrolle

$\Sigma M_1 = 0: \quad B_z \cdot 5 - R \cdot 4 - P_z \cdot 1 = 0$

$$B_z = \frac{1}{5}(R \cdot 4 + P_z \cdot 1) = \frac{1}{5}(10 \cdot 4 + 10{,}4 \cdot 1)$$

$B_z = 10{,}1 \text{ kN}$

Aufgabe 2

Man ermittle die Auflagerkräfte

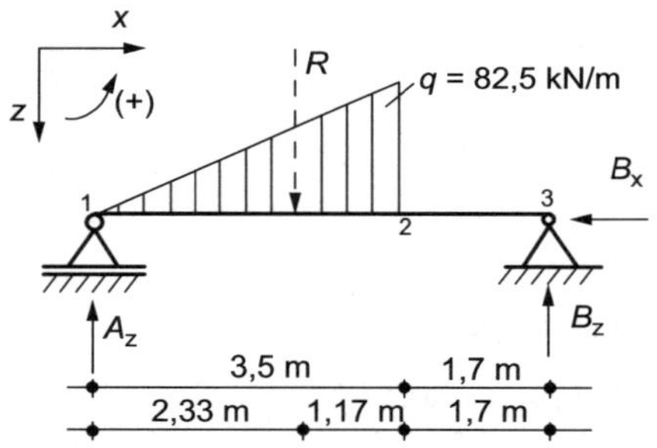

$$R = \frac{1}{2} \cdot q_2 \cdot 3{,}5 = \frac{1}{2} \cdot 82{,}5 \cdot 3{,}5$$

$R = 144{,}4 \text{ kN}$

Gleichgewichtsbedingungen

$\Sigma F_x = 0: \quad B_x = 0$

$\Sigma M_3 = 0: -A_z \cdot 5{,}2 + R \cdot 2{,}87 = 0$

$A_z = 144{,}4 \cdot 2{,}87/5{,}2$

$A_z = 414{,}4/5{,}2$

$A_z = 79{,}7 \text{ kN}$

$$\Sigma F_z = 0: \quad -A_z - B_z + R = 0$$
$$B_z = R - A_z = 144{,}4 - 79{,}7$$
$$B_z = 64{,}7 \text{ kN}$$

Kontrolle

$$\Sigma M_1 = 0: \quad B_z \cdot 5{,}2 - R \cdot 2{,}33 = 0$$
$$B_z = R \cdot 2{,}33/5{,}2 = 144{,}4 \cdot 2{,}33/5{,}2$$
$$B_z = 64{,}7 \text{ kN}$$

Aufgabe 3

Man ermittle die Auflagerkräfte

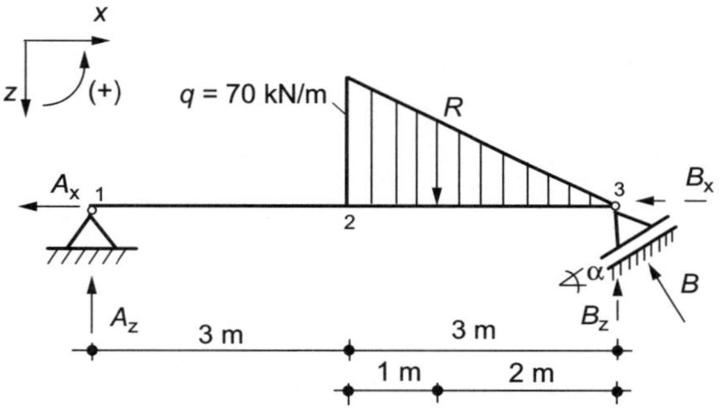

Kraftzerlegung

$\alpha = 30°$

$B_x = B \cdot \sin \alpha$

$B_z = B \cdot \cos \alpha$

$R = q \cdot 3/2 = 70 \cdot 3/2 = 105 \text{ kN}$

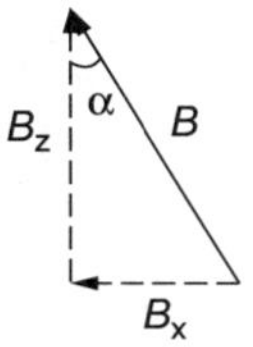

Gleichgewichtsbedingungen

$$\Sigma M_1 = 0: \quad -R \cdot 4 + B \cdot \cos \alpha \cdot 6 = 0$$
$$105 \cdot 4 - B \cdot 0{,}866 \cdot 6 = 0$$
$$B \cdot 5{,}2 = 420$$
$$B = \frac{420}{5{,}2}$$
$$B = 80{,}8 \text{ kN}$$

$B_x = B \cdot \sin 30° = 80{,}8 \cdot 0{,}5$

$B_x = 40{,}4$ kN

$B_z = B \cdot \cos 30° = 80{,}8 \cdot 0{,}866$

$B_z = 70$ kN

$\Sigma F_x = 0{:}\; -A_x - B_x = 0$

$A_x = -B_x$

$A_x = -40{,}4$ kN

$\Sigma F_z = 0{:}\; -A_z + R - B_z = 0$

$A_z = R - B_z = 105 - 70$

$A_z = 35$ kN

Kontrolle

$\Sigma M_3 = 0{:} -A_z \cdot 6 + R \cdot 2 = 0$

$-35 \cdot 6 + 105 \cdot 2 = 0$

$-210 + 210 = 0$

$0 = 0$

Aufgabe 4

Man ermittle die Auflagerkräfte

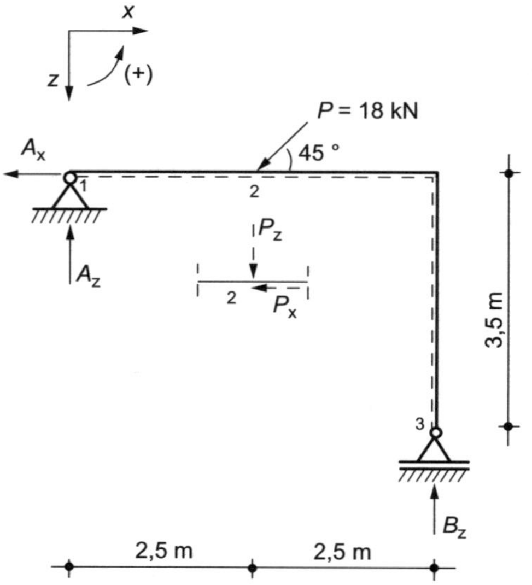

Kraftzerlegung

$P_z = P \cdot \sin 45°$
$= 18 \cdot 0{,}707$
$= 12{,}72$ kN

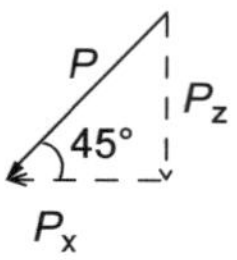

$P_x = P \cdot \cos 45°$
$= 18 \cdot 0{,}707$
$= 12{,}72$ kN

Gleichgewichtsbedingungen

$\Sigma F_x = 0{:}\quad -A_x - P_x = 0$
$A_x = -P_x = -12{,}72$ kN
$\Sigma M_1 = 0{:}\ -P_z \cdot 2{,}5 + B_z \cdot 5{,}0 = 0$
$B_z \cdot 5{,}0 = P_z \cdot 2{,}5 = 12{,}72 \cdot 2{,}5$
$B_z = 31{,}8/5{,}0$
$B_z = 6{,}36$ kN
$\Sigma F_z = 0{:}\ -A_z - B_z + P_z = 0$
$A_z = P_z - B_z = 12{,}72 - 6{,}36$
$A_z = 6{,}36$ kN

Kontrolle

$\Sigma M_3 = 0{:}\quad A_x \cdot 3{,}5 - A_z \cdot 5 + P_z \cdot 2{,}5 + P_x \cdot 3{,}5 = 0$
$-12{,}72 \cdot 3{,}5 - 6{,}36 \cdot 5 + 12{,}72 \cdot 2{,}5 + 12{,}72 \cdot 3{,}5 = 0$
$-44{,}52 - 31{,}8 + 31{,}8 + 44{,}52 = 0$
$0 = 0$

Aufgabe 5

Man ermittle die Auflagerkräfte

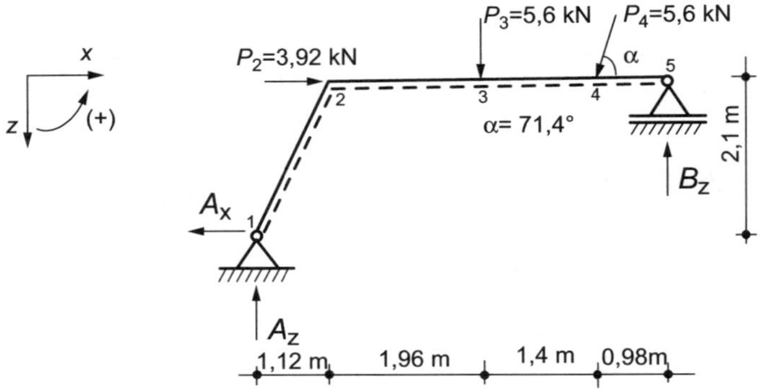

Kraftzerlegung

$\alpha = 71{,}4°$

$P_{z4} = P_4 \cdot \sin\alpha = 5{,}6 \cdot 0{,}948$

$P_{z4} = 5{,}31$ kN

$P_{x4} = P_4 \cdot \cos\alpha = 5{,}6 \cdot 0{,}319$

$P_{x4} = 1{,}79$ kN

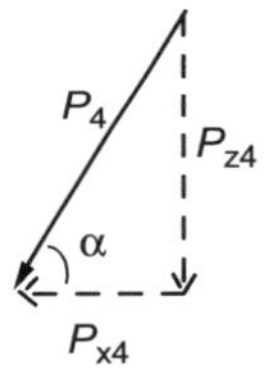

Gleichgewichtsbedingungen

$\Sigma M_1 = 0: -3{,}92 \cdot 2{,}1 - 5{,}6 \cdot 3{,}08 - 5{,}31 \cdot 4{,}48 + 1{,}79 \cdot 2{,}1$

$+ B_z \cdot 5{,}46 = 0$

$B_z = 45{,}51/5{,}46$

$B_z = 8{,}34$ kN

$\Sigma F_z = 0: \quad -A_z - B_z + 5{,}6 + 5{,}31 = 0$

$A_z = -8{,}34 + 10{,}91$

$A_z = 2{,}57$ kN

$\Sigma F_x = 0: \quad 3{,}92 - A_x - 1{,}79 = 0$

$A_x = 3{,}92 - 1{,}79$

$A_x = 2{,}13$ kN

Kontrolle

$$\Sigma M_5 = 0: \quad -2{,}13 \cdot 2{,}1 - 2{,}57 \cdot 5{,}46 + 5{,}6 \cdot 2{,}38$$
$$+ 5{,}31 \cdot 0{,}98 = 0$$
$$-4{,}5 - 14 + 13{,}3 + 5{,}2 = 0$$
$$0 = 0$$

Aufgabe 6

Man ermittle die Auflagerkräfte

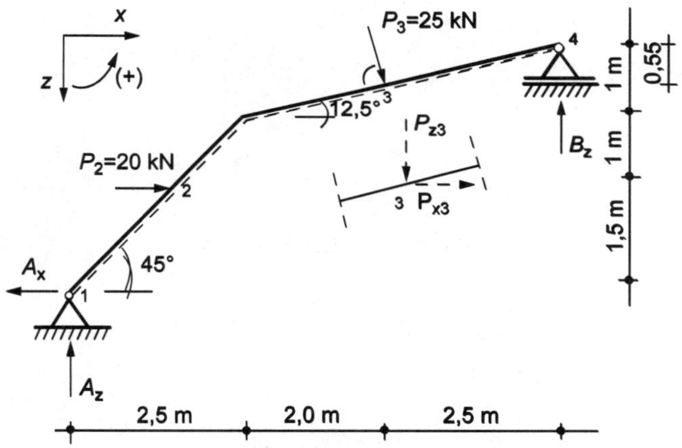

Kraftzerlegung

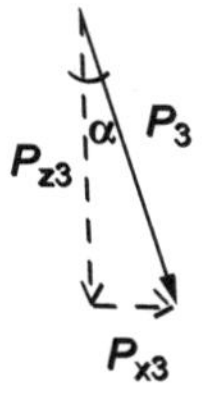

$$\tan \alpha = \frac{1{,}0}{4{,}5} = 0{,}22$$
$$\alpha = 12{,}5°$$
$$P_{x3} = P_3 \cdot \sin \alpha = 25 \cdot 0{,}216$$
$$P_{x3} = 5{,}4 \text{ kN}$$
$$P_{z3} = P_3 \cdot \cos \alpha = 25 \cdot 0{,}98$$
$$P_{z3} = 24{,}4 \text{ kN}$$

Gleichgewichtsbedingungen

$\Sigma F_x = 0: \quad -A_x + P_2 + P_{x3} = 0$

$A_x = P_2 + P_{x3} = 20 + 5{,}4$

$A_x = 25{,}4 \text{ kN}$

$\Sigma M_1 = 0: -P_2 \cdot 1{,}5 - P_{x3} \cdot [1{,}5 + 1{,}0 + (1{,}0 - 0{,}55)]$

$- P_{z3} \cdot 4{,}5 + B_z \cdot 7{,}0 = 0$

$B_z \cdot 7{,}0 = 20 \cdot 1{,}5 + 5{,}4 \cdot 2{,}95 + 24{,}4 \cdot 4{,}5$

$$B_z = \frac{1}{7{,}0}(30 + 15{,}93 + 109{,}8)$$

$B_z = 22{,}2 \text{ kN}$

$\Sigma F_z = 0: \quad -A_z - B_z + P_{z3} = 0$

$A_z = P_{z3} - B_z = 24{,}4 - 22{,}2$

$A_z = 2{,}2 \text{ kN}$

Kontrolle

$\Sigma M_4 = 0: -A_x \cdot 3{,}5 - A_z \cdot 7{,}0 + P_2 \cdot 2{,}0 + P_{z3} \cdot 2{,}5$

$+ P_{x3} \cdot 0{,}55 = 0$

$-25{,}4 \cdot 3{,}5 - A_z \cdot 7{,}0 + 20 \cdot 2{,}0 + 24{,}4 \cdot 2{,}5$

$+ 5{,}4 \cdot 0{,}55 = 0$

$$A_z = \frac{1}{7{,}0}(-88{,}9 + 40{,}0 + 61{,}0 + 3{,}0)$$

$A_z = 2{,}2 \text{ kN}$

Aufgabe 7

Man ermittle die Auflagerkräfte

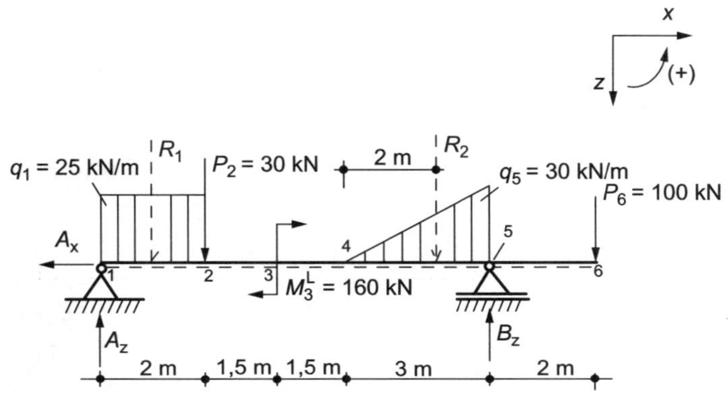

$R_1 = q_1 \cdot 2 = 25 \cdot 2 = 50$ kN

$R_2 = q_5 \cdot \frac{3}{2} = 30 \cdot \frac{3}{2} = 45$ kN

Gleichgewichtsbedingungen

$\Sigma F_x = 0$: $A_x = 0$

$\Sigma M_1 = 0$: $-R_1 \cdot 1 - M_3^L - R_2 \cdot 7 + B_z \cdot 8 - P_2 \cdot 2$

$- P_6 \cdot 10 = 0$

$-50 - 160 - 45 \cdot 7 + B_z \cdot 8 - 30 \cdot 2 - 100 \cdot 10 = 0$

$B_z = (50 + 160 + 315 + 60 + 1000)/8$

$B_z = 198{,}1$ kN

$\Sigma F_z = 0$: $-A_z - B_z + R_1 + P_2 + R_2 + P_6 = 0$

$A_z = R_1 + R_2 + P_2 + P_6 - B_z$

$A_z = 50 + 45 + 30 + 100 - 198{,}1$

$A_z = 26{,}9$ kN

Kontrolle

$\Sigma M_5 = 0$: $-A_z \cdot 8 + R_1 \cdot 7 + P_2 \cdot 6 - M_3^L + R_2 \cdot 1 - P_6 \cdot 2 = 0$

$-A_z \cdot 8 + 50 \cdot 7 + 30 \cdot 6 - 160 + 45 \cdot 1 - 100 \cdot 2 = 0$

$$A_z = \frac{1}{8}(350 + 180 - 160 + 45 - 200)$$

$$A_z = 26{,}9 \text{ kN}$$

Aufgabe 8

Man ermittle die Auflagerkräfte und die Zustandslinien *M, V* und *N*

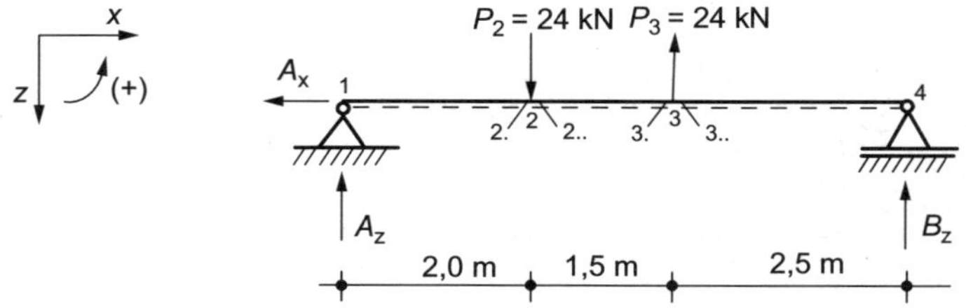

Auflagerkräfte

$$\Sigma M_1 = 0: \; -24 \cdot 2 + 24 \cdot 3{,}5 + B_z \cdot 6 = 0$$

$$B_z \cdot 6 = 48 - 84 = -36$$

$$B_z = -\frac{36}{6}$$

$$B_z = -6 \text{ kN}$$

$$\Sigma F_x = 0: \quad A_x = 0$$

$$\Sigma F_z = 0: \; -A_z + 24 - 24 - B_z = 0$$

$$A_z = -B_z$$

$$A_z = 6 \text{ kN}$$

Kontrolle

$$\Sigma M_4 = 0: \; -A_z \cdot 6 + 24 \cdot 4 - 24 \cdot 2{,}5 = 0$$

$$-6 \cdot 6 + 24 \cdot 4 - 24 \cdot 2{,}5 = 0$$

$$-36 + 96 - 60 = 0$$

$$0 = 0$$

Schnittgrößen

Schnitt I

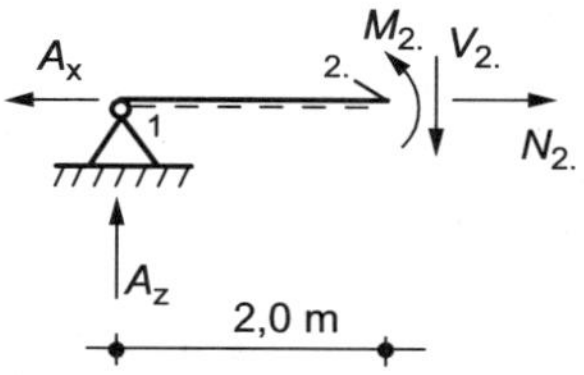

$\Sigma F_x = 0$: $N_{2.} - A_x = 0$

$N_{2.} = A_x$

$N_{2.} = 0$

$\Sigma F_z = 0$: $V_{2.} - A_z = 0$

$V_{2.} = A_z$

$V_{2.} = 6$ kN

$\Sigma M_1 = 0$: $M_{2.} - V_{2.} \cdot 2 = 0$

$M_{2.} = V_{2.} \cdot 2 = 6 \cdot 2$

$M_{2.} = 12$ kNm

Schnitt II

$\Sigma F_x = 0$: $N_{2..} - N_{2.} = 0$

$N_{2..} = N_{2.} = 0$

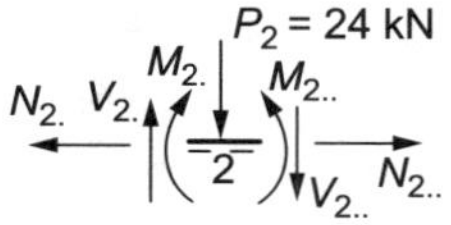

$\Sigma F_z = 0$: $V_{2..} + 24 - V_{2.} = 0$

$V_{2..} = V_{2.} - 24 = 6 - 24$

$V_{2..} = -18$ kN

$\Sigma M_2 = 0$: $-M_{2..} + M_{2.} = 0$

$M_{2..} = M_{2.} = 12$ kNm

Schnitt III

$\Sigma F_x = 0$: $N_{3.} - N_{2..} = 0$

$N_{3.} = N_{2..} = 0$

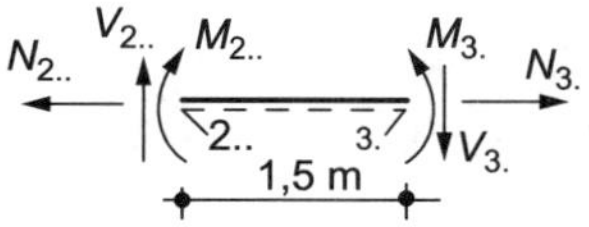

$\Sigma F_z = 0$: $V_{3.} - V_{2..} = 0$

$V_{3.} = V_{2..} = -18$ kNm

$\Sigma M_2 = 0$: $-M_{2..} + M_{3.} - V_{3.} \cdot 1{,}5 = 0$

$M_{3.} = M_{2..} + V_{3.} \cdot 1{,}5 = 12 + (-18) \cdot 1{,}5$

$M_{3.} = 12 - 27$

$M_{3.} = -15$ kNm

Schnitt IV

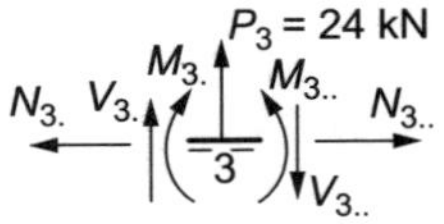

$$\Sigma F_x = 0: \quad N_{3..} - N_{3.} = 0$$
$$N_{3..} = N_{3.}$$
$$N_{3..} = 0$$
$$\Sigma F_z = 0: \quad V_{3..} - V_{3.} - 24 = 0$$
$$V_{3..} = V_{3.} + 24 = -18 + 24$$
$$V_{3..} = 6 \text{ kN}$$
$$\Sigma M_3 = 0: \quad M_{3..} - M_{3.} = 0$$
$$M_{3..} = M_{3.}$$
$$M_{3..} = -15 \text{ kNm}$$

Schnitt V

$$\Sigma F_x = 0: \quad N_4 = 0$$
$$\Sigma F_z = 0: \quad - V_4 - B_z = 0$$
$$V_4 = - B_z$$
$$V_4 = 6 \text{ kN}$$
$$\Sigma M_4 = 0: \quad M_4 = 0$$

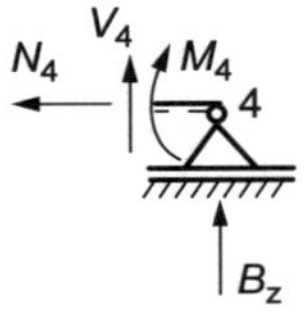

Kontrolle

Schnitt VI

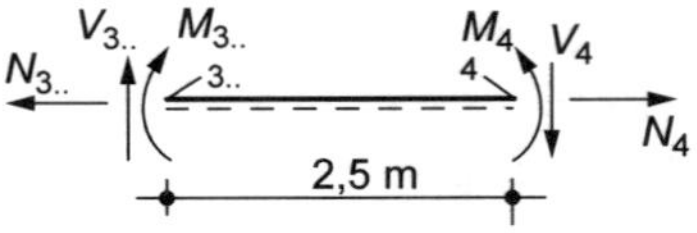

$$\Sigma F_x = 0: \quad - N_{3..} + N_4 = 0$$
$$0 = 0$$
$$\Sigma F_z = 0: \quad - V_{3..} + V_4 = 0$$
$$-6 + 6 = 0$$
$$0 = 0$$
$$\Sigma M_3 = 0: \quad - M_{3..} + M_4 - V_4 \cdot 2{,}5 = 0$$
$$-(-15) + 0 - 6 \cdot 2{,}5 = 0$$
$$+15 - 15 = 0$$
$$0 = 0$$

Zustandslinien

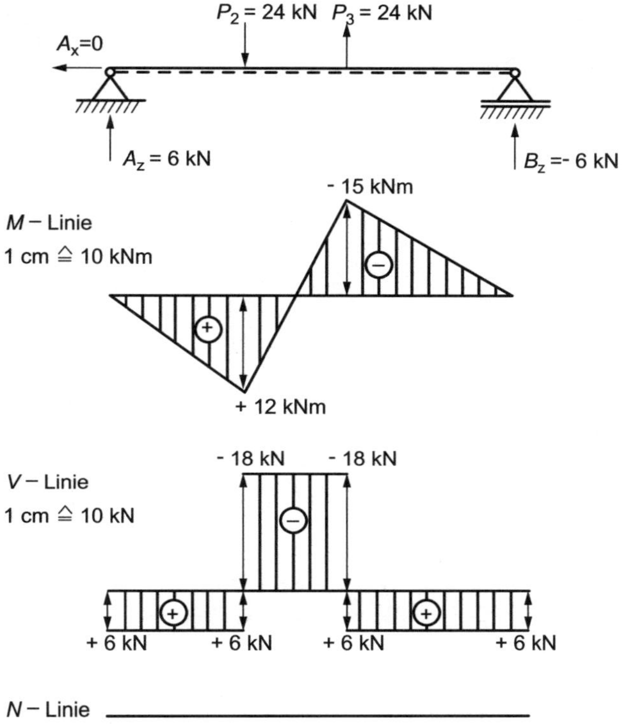

Aufgabe 9

Man ermittle die Auflagerkräfte und Zustandslinien

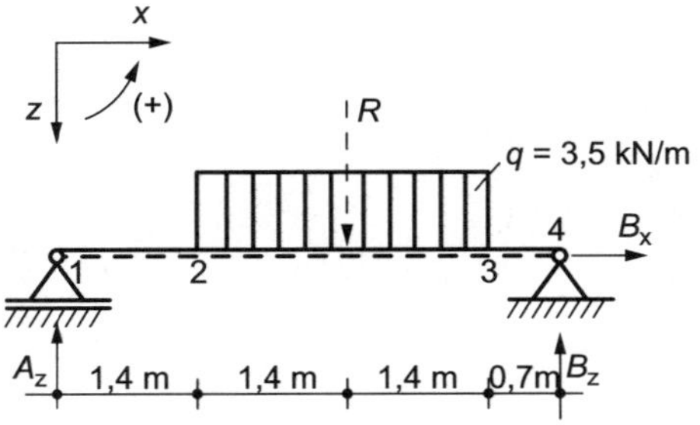

$R = 3{,}5 \cdot 2{,}8 = 9{,}8 \text{ kN}$

Auflagerkräfte

$\Sigma M_4 = 0{:}\ -A_z \cdot 4{,}9 + R \cdot 2{,}1 = 0$

$A_z = 9{,}8 \cdot 2{,}1/4{,}9$

$A_z = 4{,}2 \text{ kN}$

$\Sigma F_z = 0{:}\ -A_z - B_z + R = 0$

$B_z = R - A_z = 9{,}8 - 4{,}2$

$B_z = 5{,}6 \text{ kN}$

$\Sigma F_x = 0{:}\quad B_x = 0$

Kontrolle

$\Sigma M_1 = 0{:}\quad B_z \cdot 4{,}9 - R \cdot 2{,}8 = 0$

$5{,}6 \cdot 4{,}9 - 9{,}8 \cdot 2{,}8 = 0$

$27{,}44 - 27{,}44 = 0$

Schnittgrößen

Schnitt I

$\Sigma M_1 = 0{:}\quad M_1 = 0$

$\Sigma F_z = 0{:}\quad -A_z + V_1 = 0$

$V_1 = A_z = 4{,}2 \text{ kN}$

$\Sigma F_x = 0{:}\quad N_1 = 0$

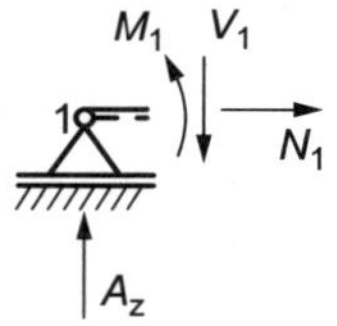

Schnitt II

$\Sigma M_2 = 0{:}\quad M_2 - A_z \cdot 1{,}4 = 0$

$M_2 = A_z \cdot 1{,}4 = +\,4{,}2 \cdot 1{,}4 = +\,5{,}88 \text{ kNm}$

$\Sigma F_z = 0{:}\quad -A_z + V_2 = 0$

$V_2 = A_z = +\,4{,}2 \text{ kN}$

$\Sigma F_x = 0{:}\quad N_2 = 0$

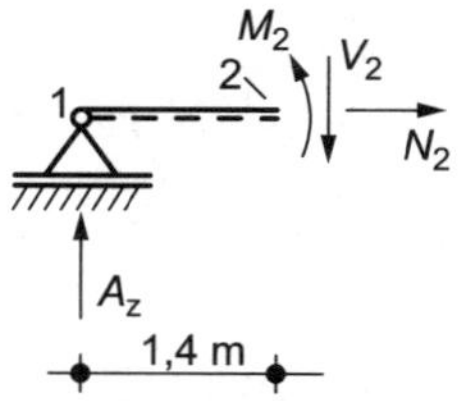

Schnitt III

$\Sigma M_4 = 0{:}\ -M_4 = 0$

$\Sigma F_z = 0{:}\quad -V_4 - B_z = 0$

$V_4 = -B_z = -5{,}6\ \text{kN}$

$\Sigma F_x = 0{:}\quad -N_4 + B_x = 0$

$N_4 = B_x = 0$

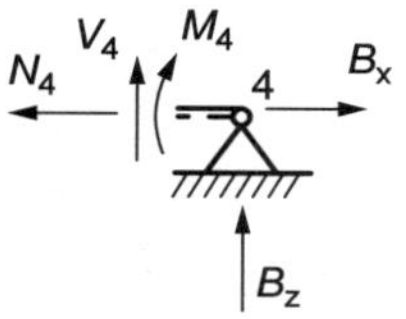

Schnitt IV

$\Sigma M_3 = 0{:}\ -M_3 + B_z \cdot 0{,}7 = 0$

$M_3 = B_z \cdot 0{,}7 = 5{,}6 \cdot 0{,}7 = 3{,}92\ \text{kNm}$

$\Sigma F_z = 0{:}\quad -V_3 - B_z = 0$

$V_3 = -B_z = -5{,}6\ \text{kN}$

$\Sigma F_x = 0{:}\quad -N_3 + B_x = 0$

$N_3 = B_x = 0$

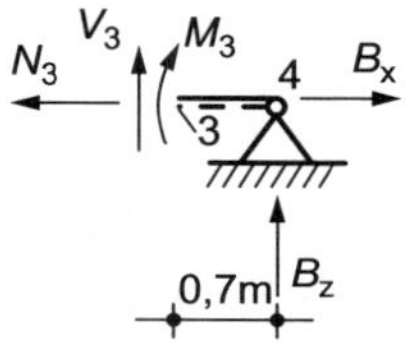

Kontrolle

Schnitt V

$\Sigma M_2 = 0{:}\ -M_2 - R \cdot 1{,}4 + M_3 - V_3 \cdot 2{,}8 = 0$

$-5{,}88 - 9{,}8 \cdot 1{,}4 + 3{,}92 + 5{,}6 \cdot 2{,}8 = 0$

$0 = 0$

$\Sigma F_z = 0{:}\quad -V_2 + R + V_3 = 0$

$-4{,}2 + 9{,}8 - 5{,}6 = 0$

$0 = 0$

$\Sigma F_x = 0{:}\quad -N_2 + N_3 = 0$

$0 = 0$

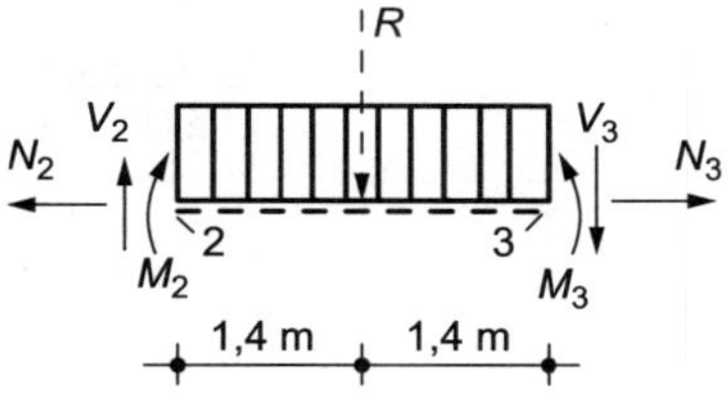

Zustandslinien

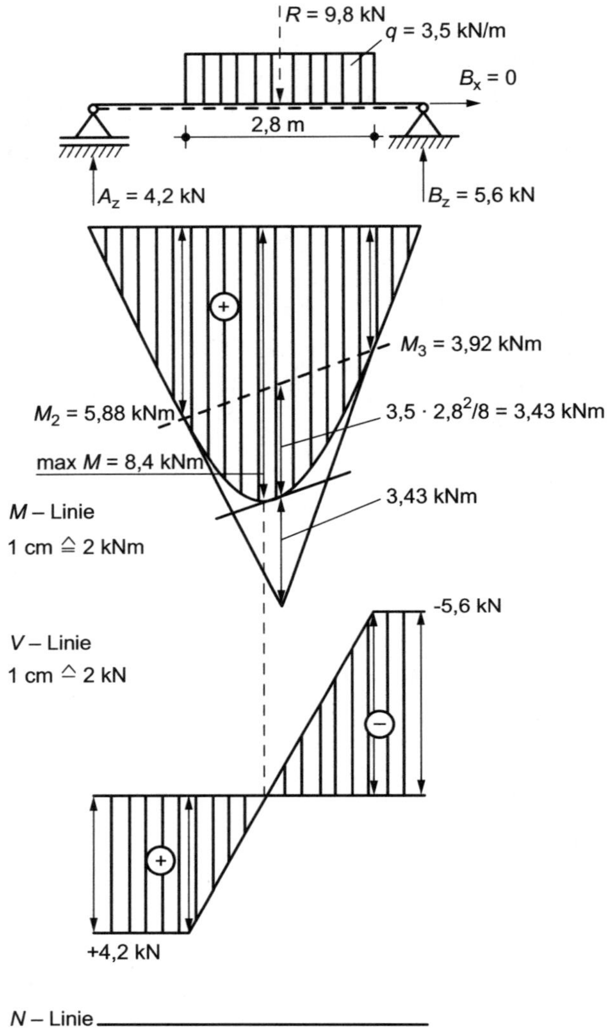

Aufgabe 10

Man ermittle die Auflagerkräfte und die Zustandslinien

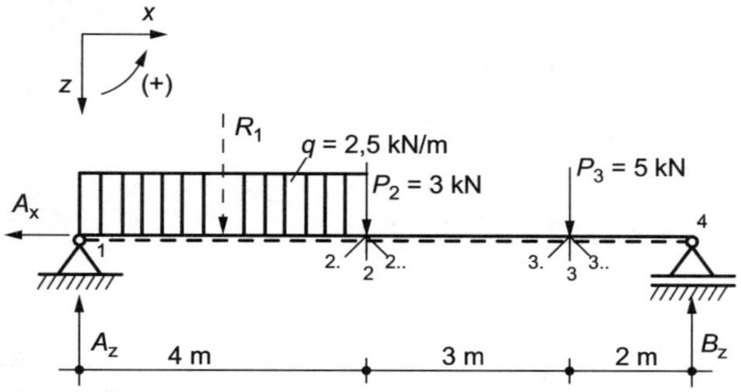

$R_1 = 2{,}5 \cdot 4 = 10$ kN

Auflagerkräfte

$\Sigma M_1 = 0\!: -R_1 \cdot 2 - P_2 \cdot 4 - P_3 \cdot 7 + B_z \cdot 9 = 0$

$B_z = (R_1 \cdot 2 + P_2 \cdot 4 + P_3 \cdot 7)/9$

$B_z = (10 \cdot 2 + 3 \cdot 4 + 5 \cdot 7)/9 = 67/9$

$B_z = 7{,}4$ kN

$\Sigma F_z = 0\!: \; -A_z - B_z + R_1 + P_2 + P_3 = 0$

$A_z = -B_z + R_1 + P_2 + P_3$

$A_z = -7{,}4 + 10 + 3 + 5$

$A_z = 10{,}6$ kN

$\Sigma F_x = 0\!: \quad A_x = 0$

Kontrolle

$\Sigma M_4 = 0\!: -A_z \cdot 9 + R_1 \cdot 7 + P_2 \cdot 5 + P_3 \cdot 2 = 0$

$$A_z = \frac{1}{9}(10 \cdot 7 + 3 \cdot 5 + 5 \cdot 2)$$

$A_z = 10{,}6$ kN

Schnittgrößen

Schnitt I

$\Sigma M_1 = 0: \quad M_1 = 0$

$\Sigma F_x = 0: \quad A_x - N_1 = 0$

$N_1 = A_x = 0$

$\Sigma F_z = 0: \quad V_1 - A_z = 0$

$V_1 = A_z = 10{,}6 \text{ kN}$

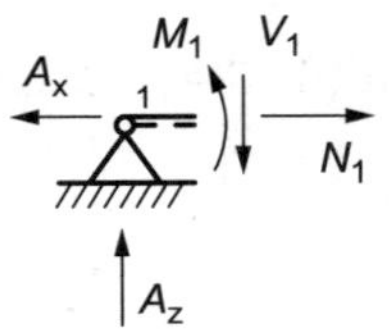

Schnitt II

$\Sigma M_2 = 0: \quad M_{2.} + R_1 \cdot 2 - A_z \cdot 4 = 0$

$M_{2.} = -R_1 \cdot 2 + A_z \cdot 4 = -10 \cdot 2 + 10{,}6 \cdot 4$

$M_{2.} = 22{,}4 \text{ kNm}$

$\Sigma F_x = 0: \quad -A_x + N_{2.} = 0$

$N_{2.} = A_x = 0$

$\Sigma F_z = 0: \quad -A_z + R_1 + V_{2.} = 0$

$V_{2.} = A_z - R_1 = 10{,}6 - 10$

$V_{2.} = 0{,}6 \text{ kN}$

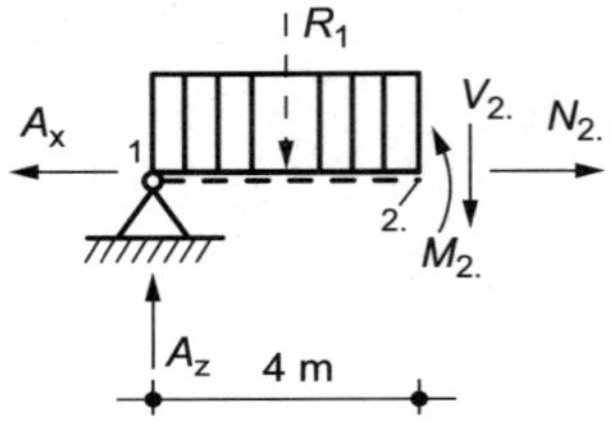

Schnitt III

$\Sigma M_2 = 0: -M_{2.} + M_{2..} = 0$

$M_{2..} = M_{2.} = 22{,}4 \text{ kNm}$

$\Sigma F_x = 0: \quad -N_{2.} + N_{2..} = 0$

$N_{2..} = N_{2.} = 0$

$\Sigma F_z = 0: \quad -V_{2.} + P_2 + V_{2..} = 0$

$V_{2..} = -P_2 + V_{2.} = -3 + 0{,}6$

$V_{2..} = -2{,}4 \text{ kN}$

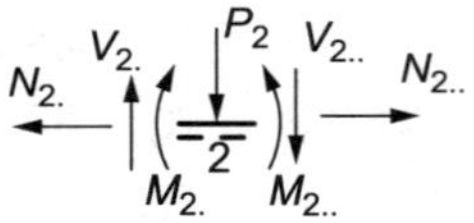

Schnitt IV

$\Sigma M_4 = 0: \quad M_4 = 0$

$\Sigma F_x = 0: \quad N_4 = 0$

$\Sigma F_z = 0: \quad -V_4 - B_z = 0$

$V_4 = -B_z = -7{,}4 \text{ kN}$

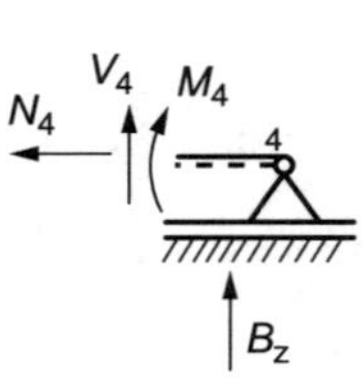

Schnitt V

$\Sigma M_3 = 0\!: -M_{3..} + B_z \cdot 2 = 0$

$M_{3..} = -B_z \cdot 2 = 7{,}4 \cdot 2$

$M_{3..} = 14{,}8$ kNm

$\Sigma F_x = 0\!: \quad N_{3..} = 0$

$\Sigma F_z = 0\!: \quad -V_{3..} - B_z = 0$

$V_{3..} = -B_z = -7{,}4$ kN

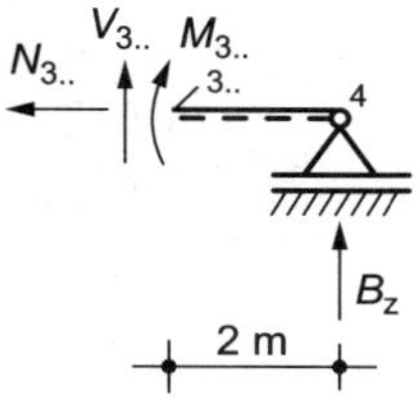

Schnitt VI

$\Sigma M_3 = 0\!: -M_{3.} + M_{3..} = 0$

$M_{3.} = M_{3..} = 14{,}8$ kNm

$\Sigma F_x = 0\!: \quad -N_{3.} + N_{3..} = 0$

$N_{3.} = N_{3..} = 0$

$\Sigma F_z = 0\!: \quad -V_{3.} + P_3 + V_{3..} = 0$

$V_{3.} = 5 - 7{,}4$

$V_{3.} = -2{,}4$ kN

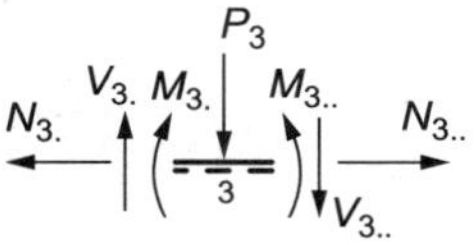

Kontrolle

Schnitt VII

$\Sigma M = 0\!: \quad -M_{2..} + M_{3.} = 0$

$-14{,}8 + 14{,}8 = 0$

$0 = 0$

$\Sigma F_x = 0\!: \quad -N_{2..} + N_{3.} = 0$

$0 = 0$

$\Sigma F_z = 0\!: \quad -V_{2..} + V_{3.} = 0$

$-(-2{,}4) + (-2{,}4) = 0$

$0 = 0$

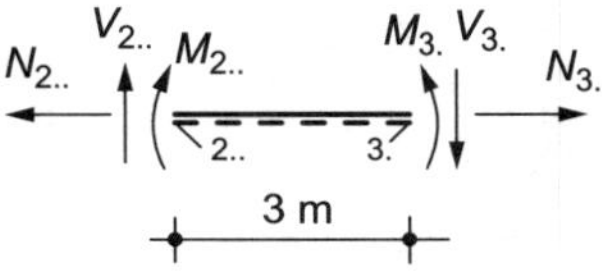

Zustandslinien

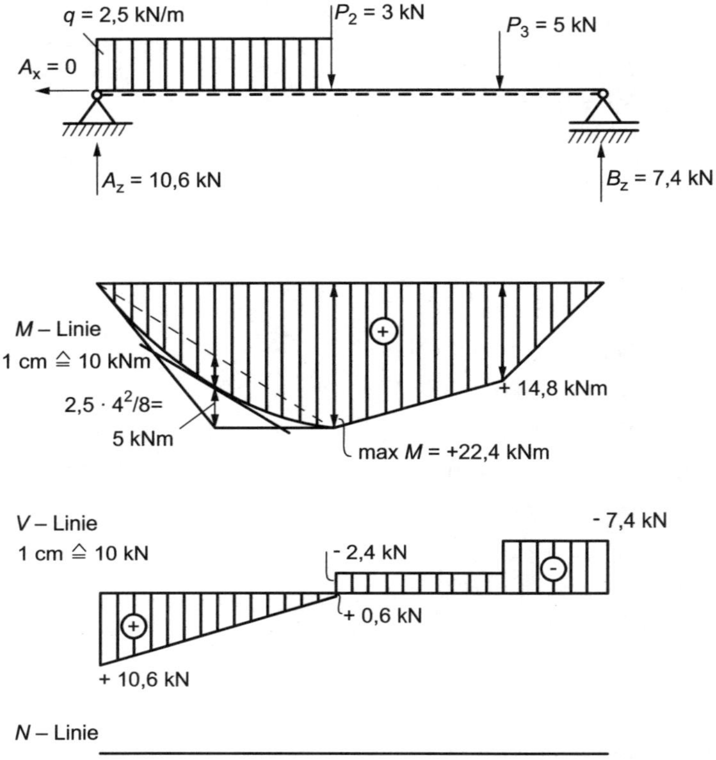

Aufgabe 11

Man ermittle die Auflagerkräfte und die Zustandslinien

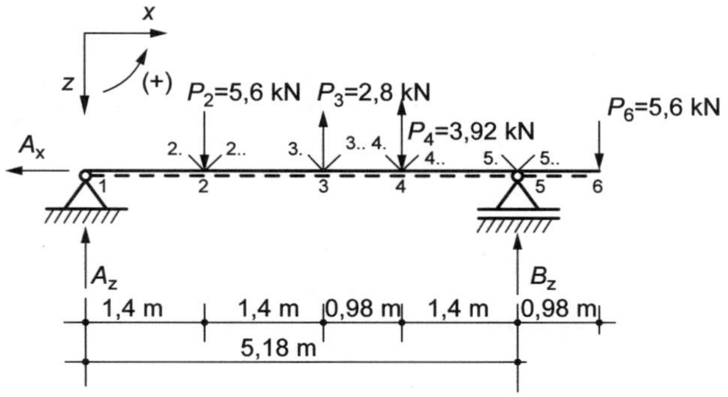

Auflagerkräfte

$$\Sigma M_1 = 0: \quad -P_2 \cdot 1{,}4 + P_3 \cdot 2{,}8 - P_4 \cdot 3{,}78$$
$$+ B_z \cdot 5{,}18 - P_6 \cdot 6{,}16 = 0$$
$$-5{,}6 \cdot 1{,}4 + 2{,}8 \cdot 2{,}8 - 3{,}92 \cdot 3{,}78 + B_z \cdot 5{,}18$$
$$-5{,}6 \cdot 6{,}16 = 0$$
$$B_z = (7{,}84 - 7{,}84 + 14{,}82 + 34{,}5)/5{,}18$$
$$B_z = 9{,}52 \text{ kN}$$

$$\Sigma F_z = 0: \quad -A_z \cdot 5{,}6 - 2{,}8 + 3{,}92 - 9{,}52 + 5{,}6 = 0$$
$$A_z = 2{,}8 \text{ kN}$$

$$\Sigma F_x = 0: \quad A_x = 0$$

Kontrolle

$$\Sigma M_5 = 0: -A_z \cdot 5{,}18 + 5{,}6 \cdot 3{,}78 - 2{,}8 \cdot 2{,}38 + 3{,}92 \cdot 1{,}4 - 5{,}6 \cdot 0{,}98 = 0$$

$$A_z = \frac{1}{5{,}18}(5{,}6 \cdot 3{,}78 - 2{,}8 \cdot 2{,}38 + 3{,}92 \cdot 1{,}4 - 5{,}6 \cdot 0{,}98)$$

$$A_z = 2{,}8 \text{ kN}$$

Schnittgrößen

Schnitt I

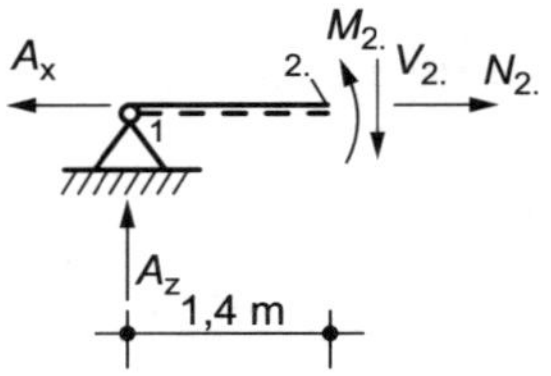

$$\Sigma F_x = 0: \quad -A_x + N_{2.} = 0$$
$$N_{2.} = A_x$$
$$N_{2.} = 0$$
$$\Sigma F_z = 0: \quad -A_z + V_{2.} = 0$$
$$V_{2.} = A_z$$
$$V_{2.} = 2{,}8 \text{ kN}$$
$$\Sigma M_2 = 0: \quad M_{2.} - A_z \cdot 1{,}4 = 0$$
$$M_{2.} = 2{,}8 \cdot 1{,}4$$
$$M_{2.} = 3{,}92 \text{ kNm}$$

Schnitt II

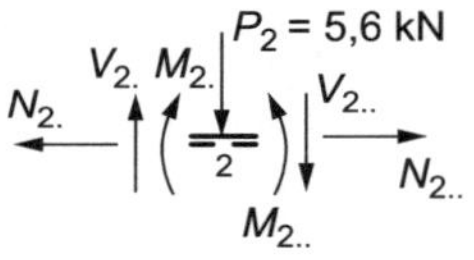

$$\Sigma F_x = 0: \quad -N_{2.} + N_{2..} = 0$$
$$N_{2..} = 0$$
$$\Sigma F_z = 0: \quad -V_{2.} + 5{,}6 + V_{2..} = 0$$
$$V_{2..} = V_{2.} - 5{,}6$$
$$V_{2..} = -2{,}8 \text{ kN}$$
$$\Sigma M_{2..} = 0: \quad M_{2..} - M_{2.} = 0$$
$$M_{2..} = M_{2.}$$
$$M_{2..} = 3{,}92 \text{ kNm}$$

Schnitt III

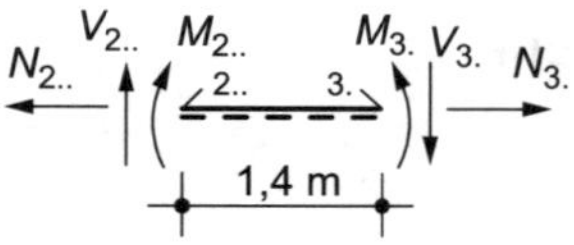

$$\Sigma F_x = 0: \quad -N_{2..} + N_{3.} = 0$$
$$N_{3.} = N_{2..}$$
$$N_{3.} = 0$$
$$\Sigma F_z = 0: \quad -V_{2..} + V_{3.} = 0$$
$$V_{3.} = V_{2..}$$
$$V_{3.} = -2{,}8 \text{ kN}$$
$$\Sigma M_{3.} = 0: -M_{2..} - V_{2..} \cdot 1{,}4 + M_{3.} = 0$$
$$M_{3.} = M_{2..} + V_{2..} \cdot 1{,}4$$
$$M_{3.} = 3{,}92 + (-2{,}8) \cdot 1{,}4$$
$$M_{3.} = 0$$

Schnitt IV

$\Sigma F_x = 0: \quad -N_{3.} + N_{3..} = 0$

$N_{3..} = N_{3.}$

$N_{3..} = 0$

$\Sigma F_z = 0: \quad -V_{3.} - 2{,}8 + V_{3..} = 0$

$V_{3..} = V_{3.} + 2{,}8 = -2{,}8 + 2{,}8$

$V_{3..} = 0$

$\Sigma M_{3..} = 0: -M_{3.} + M_{3..} = 0$

$M_{3..} = M_{3.}$

$M_{3..} = 0$

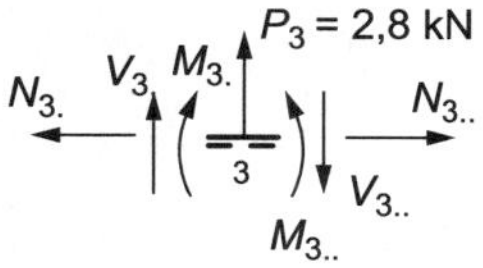

Schnitt V

$\Sigma F_x = 0: \quad -N_{3..} + N_{4.} = 0$

$N_{4.} = N_{3..}$

$N_{4.} = 0$

$\Sigma F_z = 0: \quad -V_{3..} + V_{4.} = 0$

$V_{4.} = V_{3..}$

$V_{4.} = 0$

$\Sigma M_{4.} = 0: -M_{3..} - V_{3..} \cdot 0{,}98 + M_{4.} = 0$

$M_{4.} = M_{3..} + V_{3..} \cdot 0{,}98$

$M_{4.} = 0$

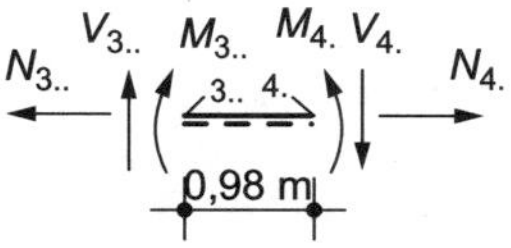

Schnitt VI

$\Sigma F_x = 0: \quad -N_{4.} + N_{4..} = 0$

$N_{4..} = N_{4.}$

$N_{4..} = 0$

$\Sigma F_z = 0: \quad -V_{4.} + 3{,}92 + V_{4..} = 0$

$V_{4..} = -3{,}92 \text{ kN}$

$\Sigma M_{4..} = 0: -M_{4.} + M_{4..} = 0$

$M_{4..} = M_{4.}$

$M_{4..} = 0$

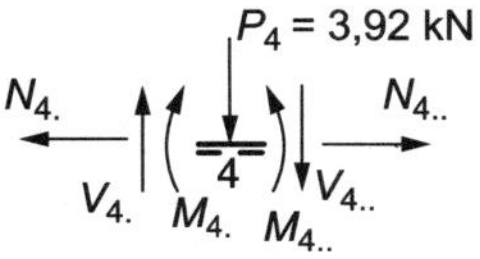

Kontrolle

Schnitt IX

$\Sigma F_x = 0: \quad N_{3.} - A_x = 0$

$N_{3.} = A_x = 0$

$\Sigma F_z = 0: \quad V_{3.} - A_z + 5{,}6 = 0$

$V_{3.} = A_z - 5{,}6 = 2{,}8 - 5{,}6$

$V_{3.} = -2{,}8 \text{ kN}$

$\Sigma M_1 = 0: -5{,}6 \cdot 1{,}4 - V_{3.} \cdot 2{,}8 + M_{3.} = 0$

$M_{3.} = 5{,}6 \cdot 1{,}4 + V_{3.} \cdot 2{,}8 = 7{,}84 - 7{,}84$

$M_{3.} = 0$

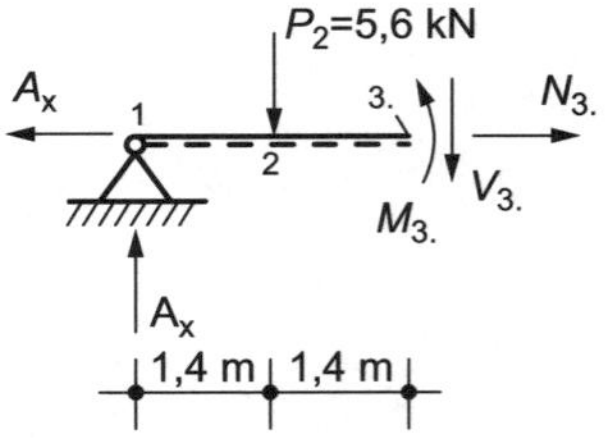

Zustandslinien

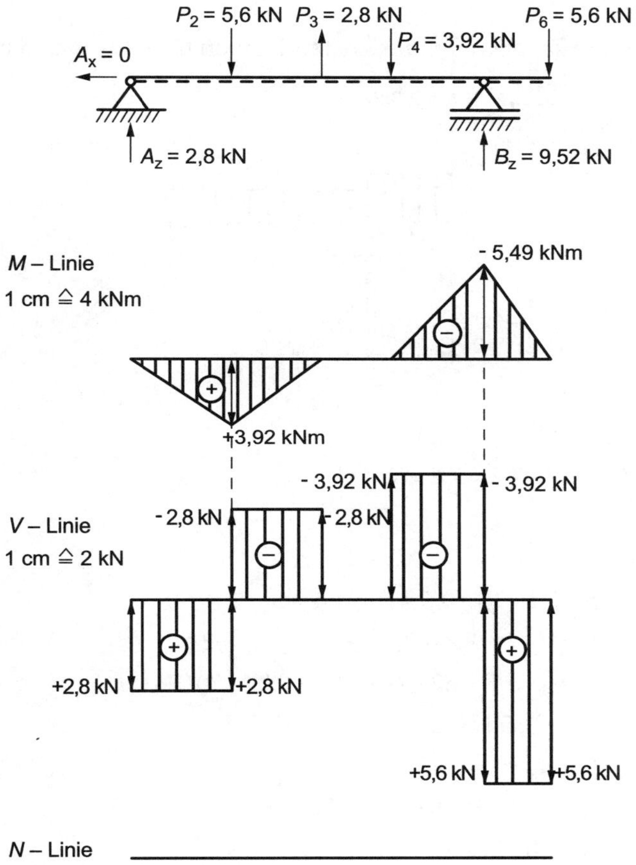

Aufgabe 12

Man ermittle die Auflagerkräfte, die Zustandslinien und das max. Feldmoment

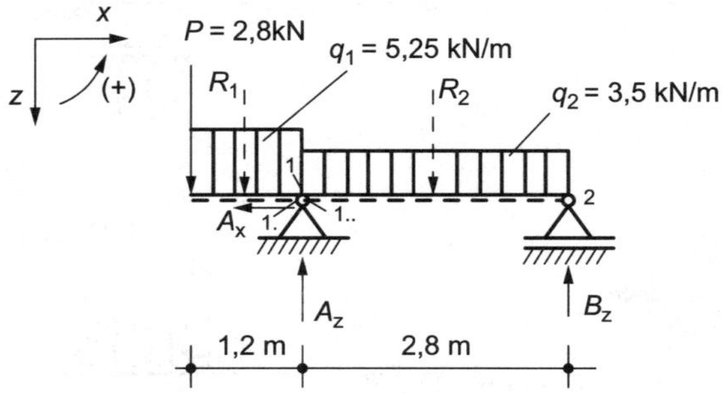

$R_1 = q_1 \cdot 1{,}2 = 5{,}25 \cdot 1{,}2 = 6{,}3$ kN

$R_2 = q_2 \cdot 2{,}8 = 3{,}5 \cdot 2{,}8 = 9{,}8$ kN

Auflagerkräfte

$\Sigma M_1 = 0$: $P \cdot 1{,}2 + R_1 \cdot 0{,}6 - R_2 \cdot 1{,}4 + B_z \cdot 2{,}8 = 0$

$B_z = (-P \cdot 1{,}2 - R_1 \cdot 0{,}6 + R_2 \cdot 1{,}4)/2{,}8$

$B_z = (-2{,}8 \cdot 1{,}2 - 6{,}3 \cdot 0{,}6 + 9{,}8 \cdot 1{,}4)/2{,}8$

$B_z = 2{,}35$ kN

$\Sigma F_z = 0$: $P - A_z + R_1 + R_2 - B_z = 0$

$A_z = P + R_1 + R_2 - B_z = 2{,}8 + 6{,}3 + 9{,}8 - 2{,}35$

$A_z = 16{,}55$ kN

$\Sigma F_x = 0$: $A_x = 0$

Kontrolle

$M_2 = 0$: $P \cdot 4{,}0 + R_1 \cdot 3{,}4 - A_z \cdot 2{,}8 + R_2 \cdot 1{,}4 = 0$

$2{,}8 \cdot 4{,}0 + 6{,}3 \cdot 3{,}4 - 16{,}55 \cdot 2{,}8 + 9{,}8 \cdot 1{,}4 = 0$

$0 = 0$

Schnittgrößen

Schnitt I

$\Sigma M_1 = 0$: $M_{1.} + R_1 \cdot 0{,}6 + P \cdot 1{,}2 = 0$

$M_{1.} = -R_1 \cdot 0{,}6 - P \cdot 1{,}2 = -6{,}3 \cdot 0{,}6 - 2.8 \cdot 1{,}2$

$M_{1.} = -7{,}14$ kNm

$\Sigma F_z = 0$: $P + R_1 + V_{1.} = 0$

$V_{1.} = -P - R_1 = -2{,}8 - 6{,}3$

$V_{1.} = -9{,}1$ kN

$\Sigma F_x = 0$: $N_{1.} = 0$

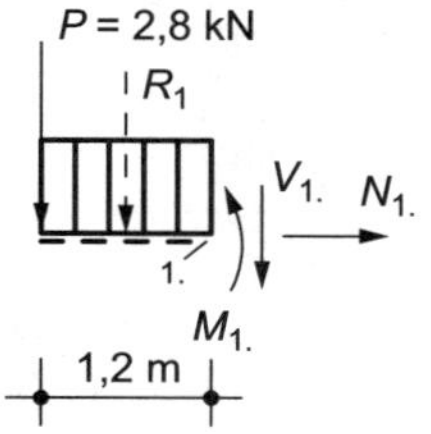

Schnitt II

$\Sigma M_1 = 0$: $M_{1..} - R_2 \cdot 1{,}4 + B_z \cdot 2{,}8 = 0$

$M_{1..} = -R_2 \cdot 1{,}4 + B_z \cdot 2{,}8 = -9{,}8 \cdot 1{,}4 + 2{,}35 \cdot 2{,}8$

$M_{1..} = -7{,}14$ kNm

$\Sigma F_z = 0$: $-V_{1..} + R_2 - B_z = 0$

$V_{1..} = R_2 - B_z = 9{,}8 - 2{,}35$

$V_{1..} = 7{,}45$ kN

$\Sigma F_x = 0$: $N_{1..} = 0$

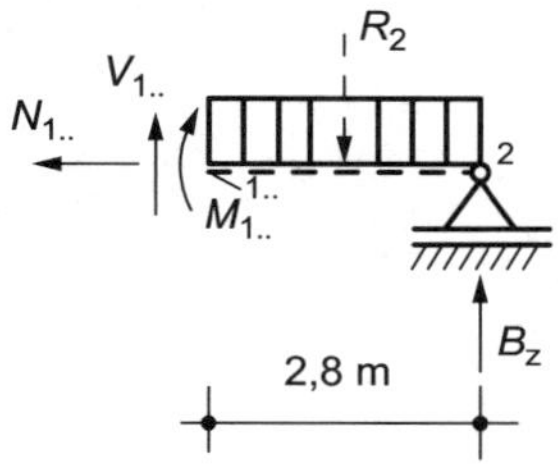

Schnitt III

$\Sigma F_z = 0$: $-V_2 - B_z = 0$

$V_2 = -B_z = -2{,}35$ kN

$\Sigma F_x = 0$: $N_2 = 0$

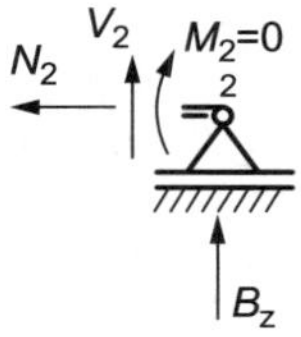

max. Feldmoment

$$\max M = \frac{B_z^2}{2q_2} = \frac{2{,}35^2}{2 \cdot 3{,}5} = 0{,}79 \text{ kNm}$$

Zustandslinien

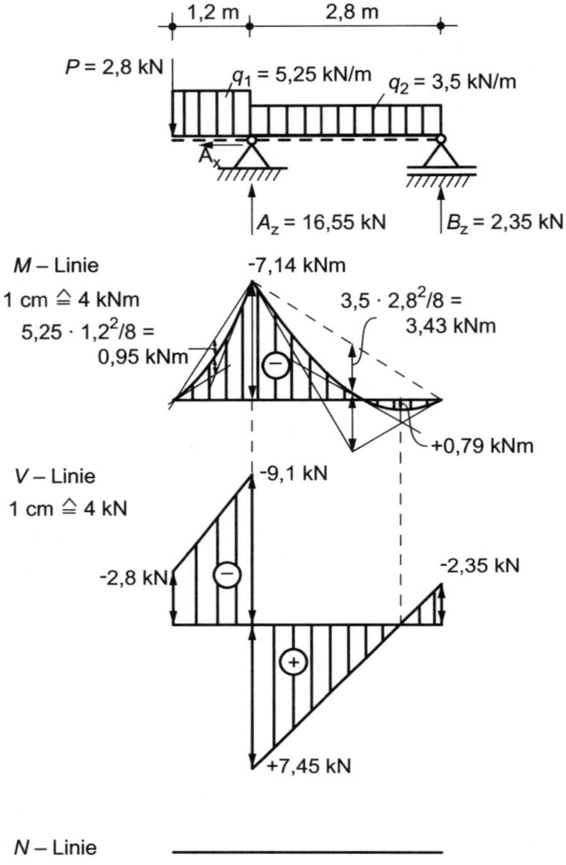

Aufgabe 13

Man ermittle Auflagerkräfte, die Zustandslinien und das max. Feldmoment

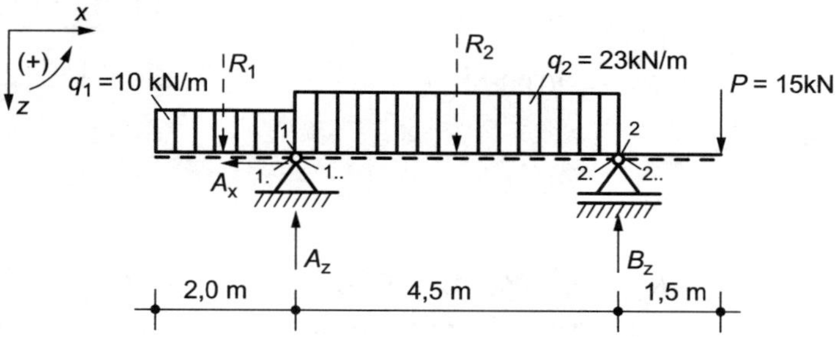

$R_1 = q_1 \cdot 2 = 10 \cdot 2$

$R_1 = 20$ kN

$R_2 = q_2 \cdot 4{,}5 = 23 \cdot 4{,}5$

$R_2 = 103{,}5$ kN

Auflagerkräfte

$\Sigma F_x = 0$: $\quad A_x = 0$

$\Sigma M_1 = 0$: $\quad R_1 \cdot 1 - R_2 \cdot 2.25 + B_z \cdot 4{,}5 - P \cdot 6 = 0$

$B_z \cdot 4{,}5 = -R_1 + R_2 \cdot \ 2{,}25 + P \cdot 6 = -20 + 103{,}5 \cdot 2{,}25$
$+ 15 \cdot 6$

$$B_z = \frac{1}{4{,}5}(-20 + 232{,}88 + 90)$$

$B_z = 67{,}3$ kN

$\Sigma F_z = 0$: $\quad -A_z - B_z + R_1 + R_2 + P = 0$

$A_z = R_1 + R_2 + P - B_z = 20 + 103{,}5 + 15 - 67{,}3$

$A_z = 71{,}2$ kN

Kontrolle

$\Sigma M_2 = 0$: $- A_z \cdot 4{,}5 + R_1 \cdot 5{,}5 + R_2 \cdot 2{,}25 - P \cdot 1{,}5 = 0$

$$A_z = \frac{1}{4{,}5}(20 \cdot 5{,}5 + 103{,}5 \cdot 2{,}25 - 15 \cdot 1{,}5)$$

$A_z = 71{,}2$ kN

Schnittgrößen

Schnitt I

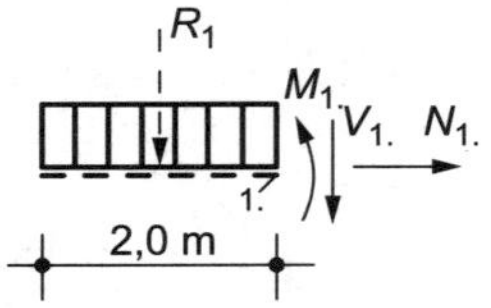

$\Sigma M_1 = 0$: $M_{1.} + R_1 \cdot 1{,}0 = 0$

$M_{1.} = - R_1 \cdot 1{,}0 = - 20{,}0$ kNm

$\Sigma F_z = 0$: $R_1 + V_{1.} = 0$

$V_{1.} = - R_1 = - 20{,}0$ kN

$\Sigma F_x = 0$: $N_{1.} = 0$

Schnitt II

$\Sigma M_1 = 0$: $- M_{1..} - R_2 \cdot 2{,}25 + B_z \cdot 4{,}5 - P \cdot 6 = 0$

$M_{1..} = - R_2 \cdot 2{,}25 + B_z \cdot 4{,}5 - P \cdot 6$

$M_{1..} = - 103{,}5 \cdot 2{,}25 + 67{,}3 \cdot 4{,}5 - 15 \cdot 6$

$M_{1..} = - 20{,}0$ kNm

$\Sigma F_z = 0$: $- V_{1..} + R_2 - B_z + P = 0$

$V_{1..} = + R_2 - B_z + P = 103{,}5 - 67{,}3 + 15$

$V_{1..} = 51{,}2$ kN

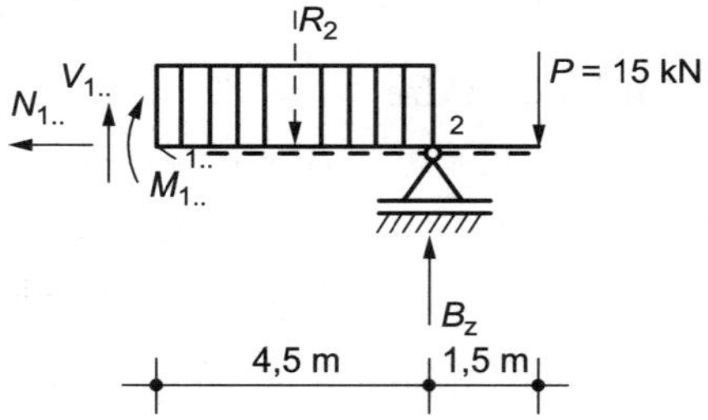

Schnitt III

$\Sigma M_2 = 0$: $R_1 \cdot 5{,}5 + R_2 \cdot 2{,}25 + M_{2.} - A_z \cdot 4{,}5 = 0$

$M_{2.} = - R_1 \cdot 5{,}5 - R_2 \cdot 2{,}25 + A_z \cdot 4{,}5$

$M_{2.} = - 20 \cdot 5{,}5 - 103{,}5 \cdot 2{,}25 + 71{,}2 \cdot 4{,}5$

$M_{2.} = - 22{,}5$ kNm

$\Sigma F_z = 0$: $R_1 - A_z + R_2 + V_{2.} = 0$

$V_{2.} = - R_1 + A_z - R_2 = - 20 + 71{,}2 \cdot 4{,}5$

$V_{2.} = - 52{,}3$ kN

$\Sigma F_x = 0$: $N_2 = 0$

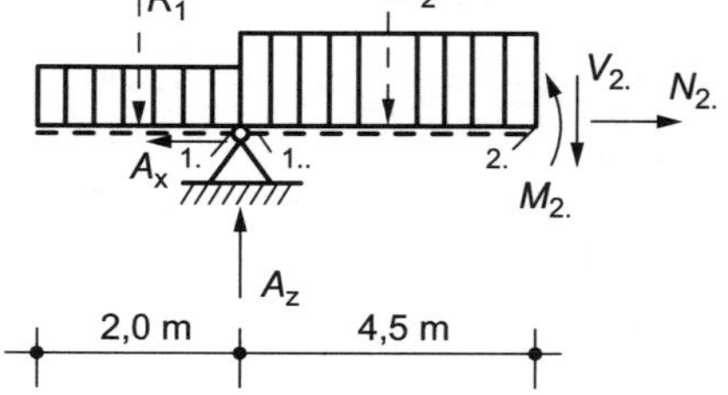

Schnitt IV

$\Sigma M_2 = 0{:}\ -M_{2..} - P \cdot 1{,}5 = 0$

$M_{2..} = -P \cdot 1{,}5 = -15 \cdot 1{,}5$

$M_{2..} = -22{,}5\ \text{kNm}$

$\Sigma F_z = 0{:}\ -V_{2..} + P = 0$

$V_{2..} = P = 15\ \text{kN}$

$\Sigma F_x = 0{:}\ N_{2..} = 0$

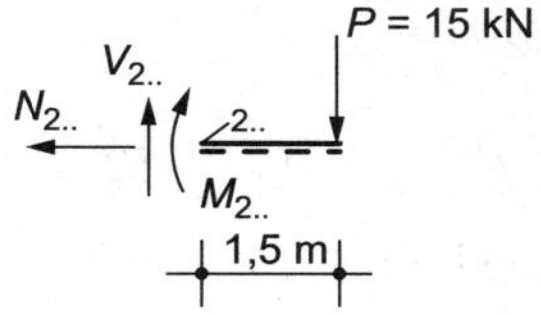

Kontrolle

Schnitt V

$\Sigma M_1 = 0{:}\ -M_{1.} + M_{1..} = 0$

$+20 - 20 = 0$

$0 = 0$

$\Sigma F_z = 0{:}\ -V_{1.} - A_z + V_{1..} = 0$

$+20 - 71{,}2 + 51{,}2 = 0$

$0 = 0$

$\Sigma F_x = 0{:}\ -N_{1.} + N_{1..} = 0$

$0 = 0$

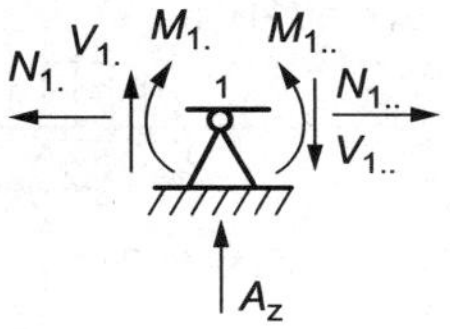

Schnitt VI

$\Sigma M_2 = 0{:}\ -M_{2.} + M_{2..} = 0$

$+22{,}5 - 22{,}5 = 0$

$0 = 0$

$\Sigma F_z = 0{:}\ -V_{2.} - B_z + V_{2..} = 0$

$+52{,}3 - 67{,}3 + 15 = 0$

$0 = 0$

$\Sigma F_x = 0{:}\ -N_{2.} + N_{2..} = 0$

$0 = 0$

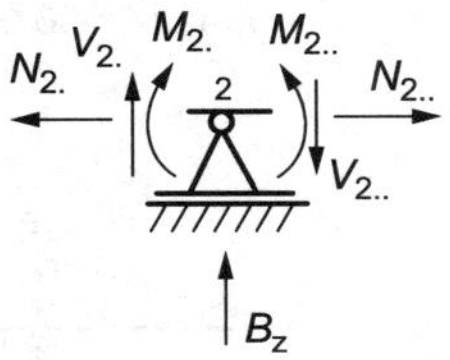

max. Feldmoment

$\max M = V_{1..}^2 / 2 \cdot q_2 + M_{1..} = -52{,}3^2 / 2 \cdot 23 - 20$

$\max M = 36{,}99$ kNm

oder

$\max M = V_{2.}^2 / 2 \cdot q_2 + M_{2.} = -52{,}3^2 / 2 \cdot 23 - 22{,}5$

$\max M = 36{,}96$ kNm

$x_n = V_{1..}/q_2 = 51{,}2/23 = 2{,}23$ m

Zustandslinie

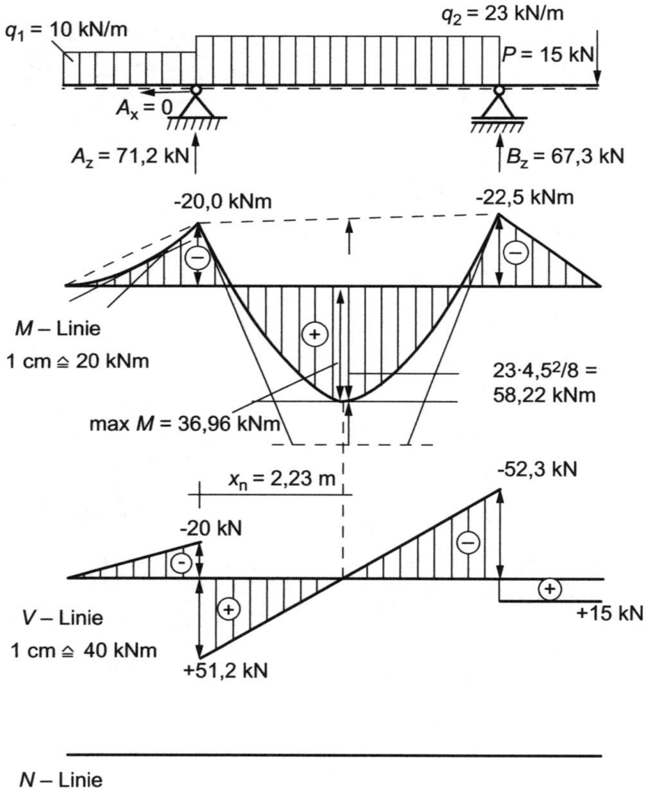

Aufgabe 14

Man ermittle die Auflagerkräfte und Zustandslinien

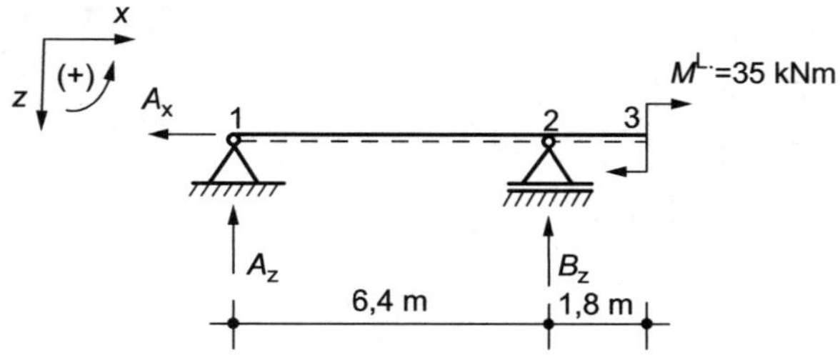

Auflagerkräfte

$\Sigma F_x = 0$: $A_x = 0$

$\Sigma M_1 = 0$: $B_z \cdot 6{,}4 - M^L = 0$

$$B_z = \frac{M^L}{6{,}4} = \frac{35}{6{,}4}$$

$B_z = 5{,}47$ kN

$\Sigma F_z = 0$: $-A_z - B_z = 0$

$A_z = -B_z$

$A_z = -5{,}47$ kN

Kontrolle

$\Sigma M_2 = 0$: $-A_z \cdot 6{,}4 - M^L = 0$

$-(-5{,}47) \cdot 6{,}4 - 35 = 0$

$35 - 35 = 0$

$0 = 0$

Schnittgrößen

Schnitt I

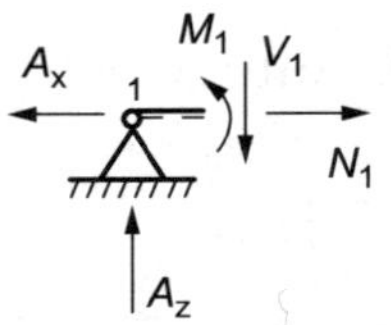

$\Sigma F_x = 0$: $N_1 - A_x = 0$

$N_1 = A_x$

$N_1 = 0$

$\Sigma F_z = 0$: $V_1 - A_z = 0$

$V_1 = A_z$

$V_1 = -\,5{,}47$ kN

$\Sigma M_1 = 0$: $M_1 = 0$

Schnitt II

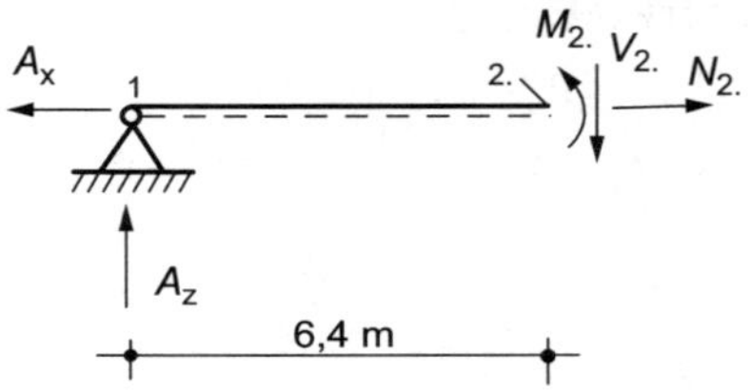

$\Sigma F_x = 0$: $N_{2.} - A_x = 0$

$N_{2.} = A_x$

$N_{2.} = 0$

$\Sigma F_z = 0$: $V_{2.} - A_z = 0$

$V_{2.} = A_z$

$V_{2.} = -\,5{,}47$ kN

$\Sigma M_1 = 0$: $M_{2.} - V_{2.} = 0$

$M_{2.} = -\,5{,}47 \cdot 6{,}4$

$M_{2.} = -\,35{,}0$ kNm

Schnitt III

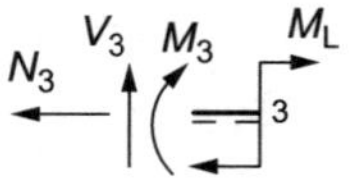

$\Sigma F_x = 0$: $N_3 = 0$

$\Sigma F_z = 0$: $V_3 = 0$

$\Sigma M_3 = 0$: $-\,M_3 - M^L = 0$

$M_3 = -\,M^L$

$M_3 = -\,35{,}0$ kNm

Schnitt IV

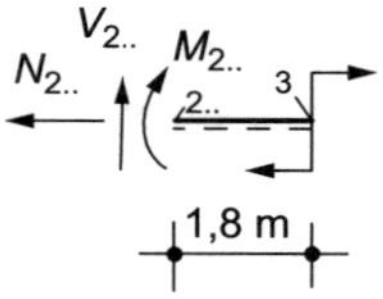

$\Sigma F_x = 0$: $-\,N_{2..} = 0$

$N_{2..} = 0$

$\Sigma F_z = 0$: $-\,V_{2..} = 0$

$V_{2..} = 0$

$$\Sigma M_3 = 0: \; - M^L - M_{2..} - V_{2..} \cdot 1{,}8 = 0$$
$$M_{2..} = - M^L - V_{2..} \cdot 1{,}8 = - 35 - 0 \cdot 1{,}8$$
$$M_{2..} = - 35{,}0 \text{ kNm}$$

Kontrolle

Schnitt V

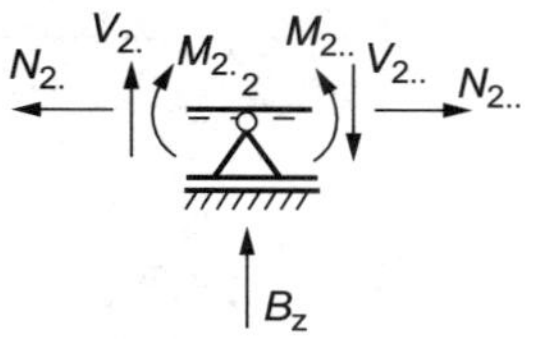

$$\Sigma F_x = 0: \quad N_{2..} - N_{2.} = 0$$
$$N_{2.} = N_{2..}$$
$$N_{2.} = 0$$
$$\Sigma F_z = 0: \; - B_z - V_{2.} + V_{2..} = 0$$
$$V_{2.} = V_{2..} - B_z = 0 - 5{,}47$$
$$V_{2.} = - 5{,}47 \text{ kN}$$
$$\Sigma M_2 = 0: \quad M_{2..} + M_{2.} = 0$$
$$M_{2.} = M_{2..}$$
$$M_{2.} = - 35{,}0 \text{ kNm}$$

Zustandslinien

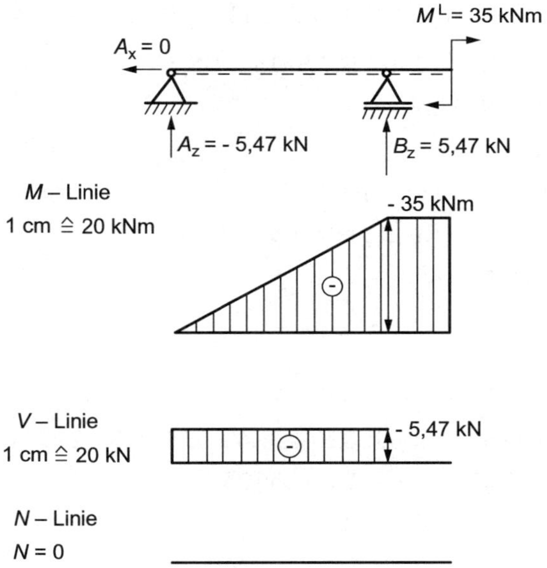

Aufgabe 15

Man ermittle die Zustandslinien

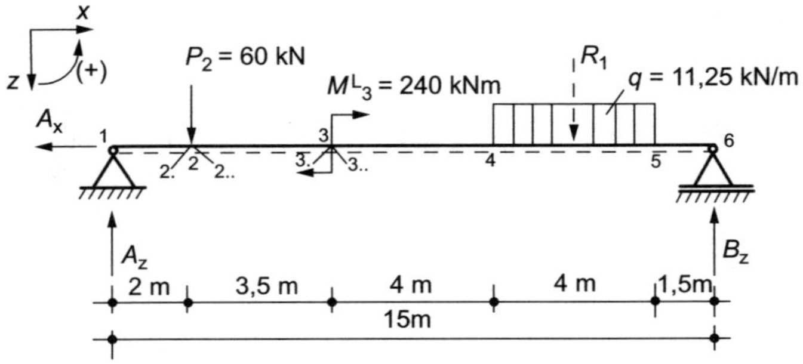

$R_1 = q \cdot 4 = 11{,}25 \cdot 4 = 45$ kN

Auflagerkräfte

$\Sigma M_1 = 0{:} - P_2 \cdot 2 - M_3^L + R_1 \cdot 11{,}5 + B_z \cdot 15 = 0$

$B_z \cdot 15 = P_2 \cdot 2 + M_3^L + R_1 \cdot 11{,}5 = 60 \cdot 2 + 240 + 45 \cdot 11{,}5$

$B_z = (120 + 240 + 517{,}5)/15 = 877{,}5/15$

$B_z = 58{,}5$ kN

$\Sigma F_x = 0{:} \quad A_x = 0$

$\Sigma F_z = 0{:} \; - A_z - B_z + P_2 + R_1 = 0$

$A_z = P_2 + R_1 - B_z = 60 + 45 - 58{,}5$

$A_z = 46{,}5$ kN

Kontrolle

$\Sigma M_3 = 0{:} - A_z \cdot 5{,}5 + P_2 \cdot 3{,}5 - R_1 \cdot 6 + B_z \cdot 9{,}5 - M_3^L = 0$

$-46{,}5 \cdot 5{,}5 + 60 \cdot 3{,}5 - 45 \cdot 6 + 58{,}5 \cdot 9{,}5 - 240 = 0$

$-225{,}75 + 210 - 270 + 555{,}75 - 240 = 0$

$765{,}75 - 765{,}75 = 0$

$0 = 0$

Schnittgrößen

Schnitt I

$$\Sigma F_z = 0: \quad -A_z + V_1 = 0$$
$$V_1 = A_z = 46{,}5 \text{ kN}$$
$$\Sigma F_x = 0: \quad N_1 - A_x = 0$$
$$N_1 = A_x = 0$$

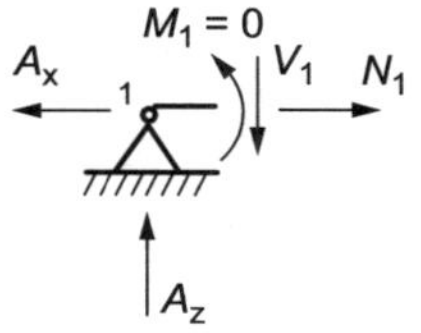

Schnitt II

$$\Sigma M_2 = 0: \quad M_{2.} - A_z \cdot 2 = 0$$
$$M_{2.} = A_z \cdot 2 = 46{,}5 \cdot 2 = 93 \text{ kNm}$$
$$\Sigma F_z = 0: \quad -A_z + V_{2.} = 0$$
$$V_{2.} = A_z = 46{,}5 \text{ kN}$$
$$\Sigma F_x = 0: \quad N_{2.} - A_x = 0$$
$$N_{2.} = A_x - 0$$

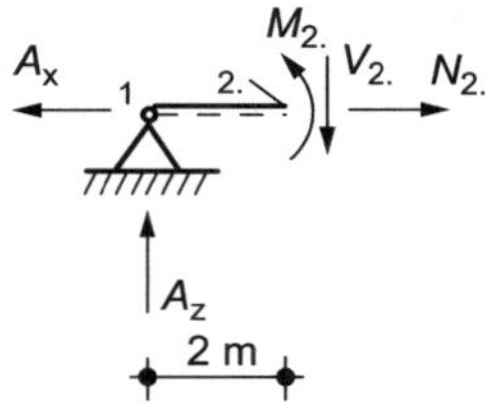

Schnitt III

$$\Sigma M_2 = 0: \quad M_{2..} - A_z \cdot 2 = 0$$
$$M_{2..} = A_z \cdot 2 = 46{,}5 \cdot 2 = 93 \text{ kNm}$$
$$\Sigma F_z = 0: \quad -A_z + P_2 + V_{2..} = 0$$
$$V_{2..} = A_z - P_2 = 46{,}5 - 60$$
$$V_{2..} = -13{,}5 \text{ kN}$$
$$\Sigma F_x = 0: \quad N_{2..} = A_x = 0$$

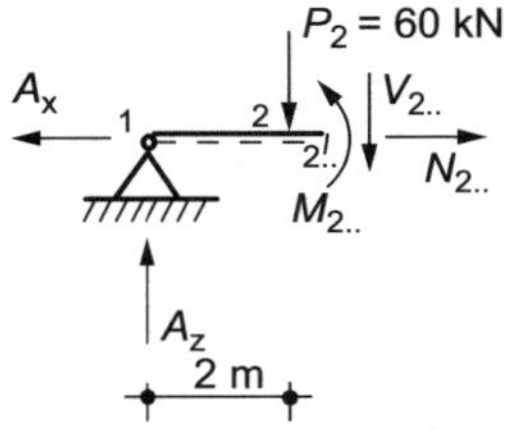

Schnitt IV

$$\Sigma M_3 = 0: \quad -M_{2..} - V_{2..} \cdot 3{,}5 + M_{3.} = 0$$
$$M_{3.} = M_{2..} + V_{2..} \cdot 3{,}5 = 93 + (-13{,}5) \cdot 3{,}5$$
$$M_{3.} = 45{,}75 \text{ kNm}$$
$$\Sigma F_z = 0: \quad -V_{2..} + V_{3.} = 0$$
$$V_{3.} = V_{2..} = -13{,}5 \text{ kN}$$
$$\Sigma F_x = 0: \quad N_{3.} = N_{2..} = 0$$

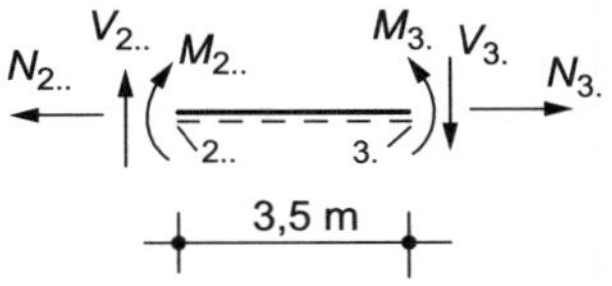

Schnitt V

$\Sigma M_3 = 0{:}\ -M_{3.} - M_3^L + M_{3..} = 0$

$M_{3..} = M_{3.} + M_3^L = 45{,}75 + 240$

$M_{3..} = 285{,}75$ kNm

$\Sigma F_z = 0{:}\ -V_{3.} + V_{3..} = 0$

$V_{3..} = V_{3.} = -13{,}5$ kN

$\Sigma F_x = 0{:}\quad N_{3..} = N_{3.} = 0$

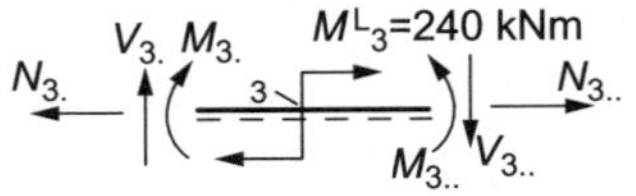

Schnitt VI

$\Sigma M_4 = 0{:}\ -M_{3..} - V_{3..} \cdot 4 + M_{4.} = 0$

$M_{4.} = M_{3..} + V_{3..} \cdot 4 = 287{,}75 - 13{,}5 \cdot 4$

$M_{4.} = 231{,}8$ kNm

$\Sigma F_z = 0{:}\ -V_{3..} + V_{4.} = 0$

$V_{4.} = +V_{3..} = -13{,}5$ kN

$\Sigma F_x = 0{:}\quad N_{4.} = N_{3..} = 0$

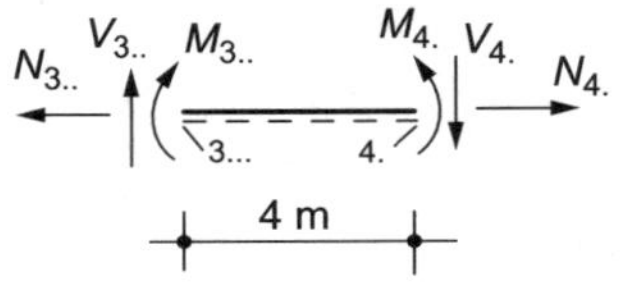

Schnitt VII

$\Sigma M_5 = 0{:}\ -M_5 + B_z \cdot 1{,}5 = 0$

$M_5 = B_z \cdot 1{,}5 - 58{,}5 \cdot 1{,}5$

$M_5 = 87{,}75$ kNm

$\Sigma F_z = 0{:}\ -V_5 - B_z = 0$

$V_5 = -B_z = -58{,}5$ kN

$\Sigma F_x = 0{:}\quad N_5 = 0$

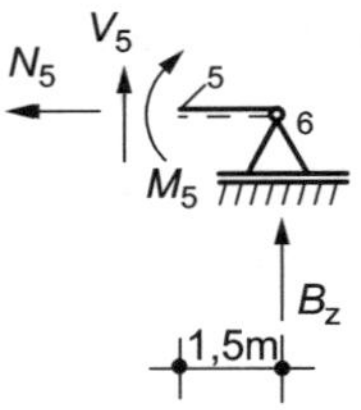

Schnitt VIII

$\Sigma M_6 = 0{:}\quad M_6 = 0$

$\Sigma F_z = 0{:}\ -V_6 - B_z = 0$

$V_6 = -B_z = -58{,}5$ kN

$\Sigma F_x = 0{:}\quad N_6 = 0$

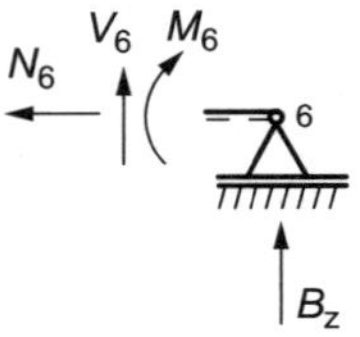

Zustandslinien

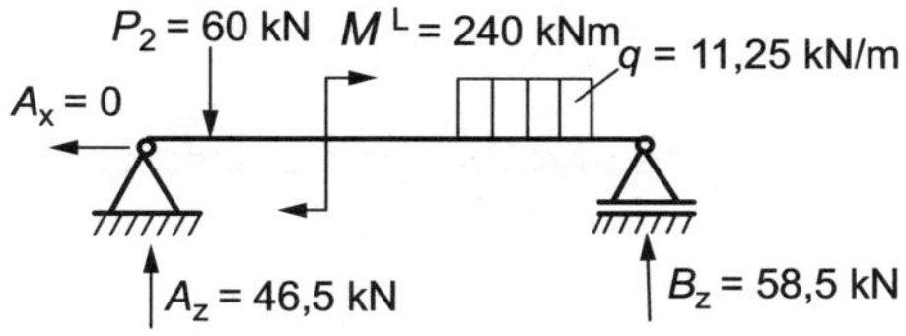

M – Linie

1 cm ≙ 80 kNm

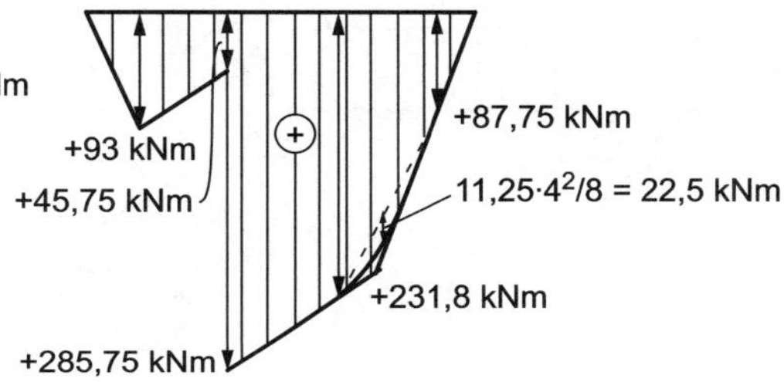

V – Linie

1 cm ≙ 80 kN

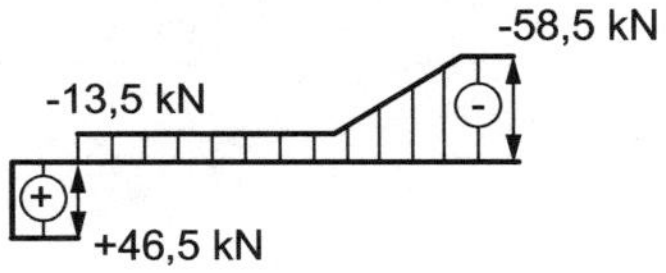

N – Linie

$N = 0$

Aufgabe 16

Man ermittle die Auflagerkräfte und die Zustandslinien

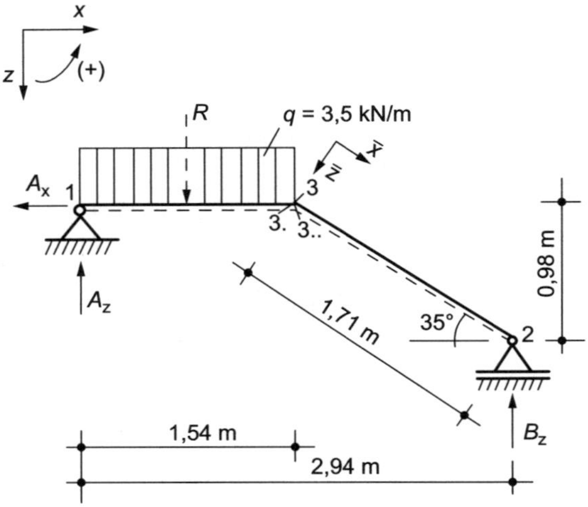

Auflagerkräfte

$$R = 3{,}5 \cdot 1{,}54$$

$$R = 5{,}39 \text{ kN}$$

$$\Sigma M_1 = 0{:}\ -R \cdot 0{,}77 + B_z \cdot 2{,}94 = 0$$

$$B_z = \frac{4{,}15}{2{,}94}$$

$$B_z = 1{,}4 \text{ kN}$$

$$\Sigma F_z = 0{:}\ -A_z - B_z + R = 0$$

$$A_z = R - B_z = 5{,}39 - 1{,}4$$

$$A_z = 3{,}99 \text{ kN}$$

$$\Sigma F_x = 0{:}\quad A_x = 0$$

Kontrolle

$$\Sigma M_2 = 0{:}\quad A_x \cdot 0{,}98 - A_z \cdot 2{,}94 + R \cdot \left(2{,}94 - \frac{1{,}54}{2}\right) = 0$$

$$0 \cdot 0{,}98 - 3{,}99 \cdot 2{,}94 + 5{,}39 \cdot 2{,}17 = 0$$

$$-11{,}7 + 11{,}7 = 0$$

$$0 = 0$$

Schnittgrößen

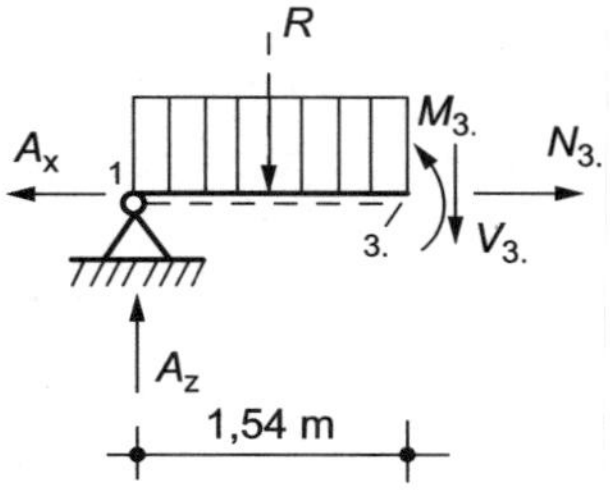

Schnitt I

$\Sigma F_x = 0$: $\quad N_{3.} - A_x = 0$

$N_{3.} = A_x$

$N_{3.} = 0$

$\Sigma F_z = 0$: $\quad V_{3.} - A_z + R = 0$

$V_{3.} = A_z - R = 3{,}99 - 5{,}39$

$V_{3.} = -1{,}40 \text{ kN}$

$\Sigma M_1 = 0$: $- R \cdot 0{,}77 - V_{3.} \cdot 1{,}54 + M_{3.} = 0$

$M_{3.} = 5{,}39 \cdot 0{,}77 - 1{,}4 \cdot 1{,}54$

$M_{3.} = 1{,}99 \text{ kNm}$

$B_{\bar{z}} = B_z \cdot \cos 35°$

$B_{\bar{z}} = 1{,}4 \cdot 0{,}82$

$B_{\bar{z}} = 1{,}15 \text{ kN}$

$B_{\bar{x}} = B_z \cdot \sin 35°$

$B_{\bar{x}} = 1{,}4 \cdot 0{,}57$

$B_{\bar{x}} = 0{,}8 \text{ kN}$

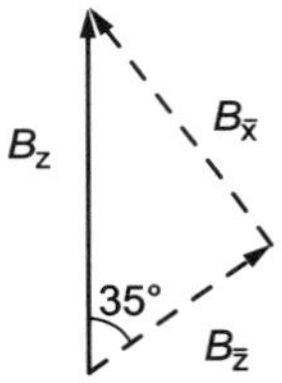

Schnitt II

$\Sigma F_{\bar{x}} = 0$: $\quad - B_{\bar{x}} - N_{4..} = 0$

$N_{3..} = - B_{\bar{x}}$

$N_{3..} = -0{,}8 \text{ kN}$

$\Sigma F_{\bar{z}} = 0$: $\quad - B_{\bar{x}} - V_{3..} = 0$

$V_{3..} = -B_{\bar{z}}$

$V_{3..} = -1{,}15 \text{ kN}$

$\Sigma M_2 = 0$: $- M_{3..} - V_{3..} \cdot 1{,}71 = 0$

$M_{3..} = - V_{3..} \cdot 1{,}71 = 1{,}15 \cdot 1{,}71$

$M_{3..} = 1{,}97 \text{ kNm}$

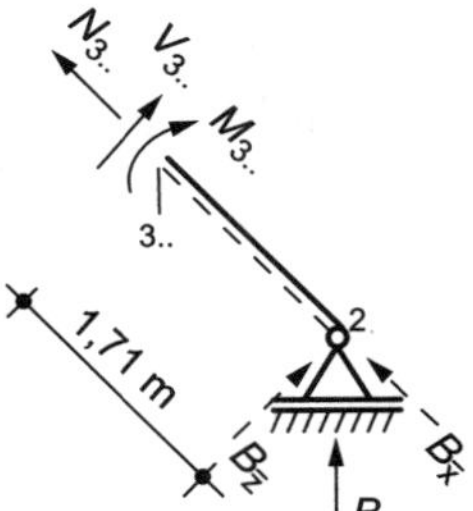

Schnitt III

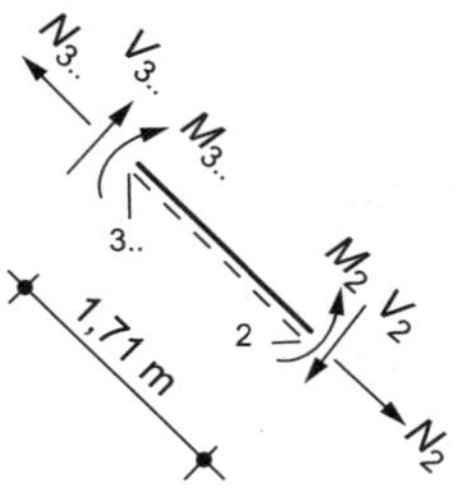

$\Sigma F_{\bar{x}} = 0$: $N_2 - N_{3..} = 0$

$N_2 = N_{3..}$

$N_2 = -0{,}8$ kN

$\Sigma F_{\bar{z}} = 0$: $V_2 - V_{3..} = 0$

$V_2 = V_{3..}$

$V_2 = -1{,}15$ kN

$\Sigma M_3 = 0$: $M_2 - M_{3..} - V_2 \cdot 1{,}71 = 0$

$M_2 = M_{3..} + V_2 \cdot 1{,}71 = 1{,}97 - 1{,}15 \cdot 1{,}71$

$M_2 = 0$

Zustandslinien

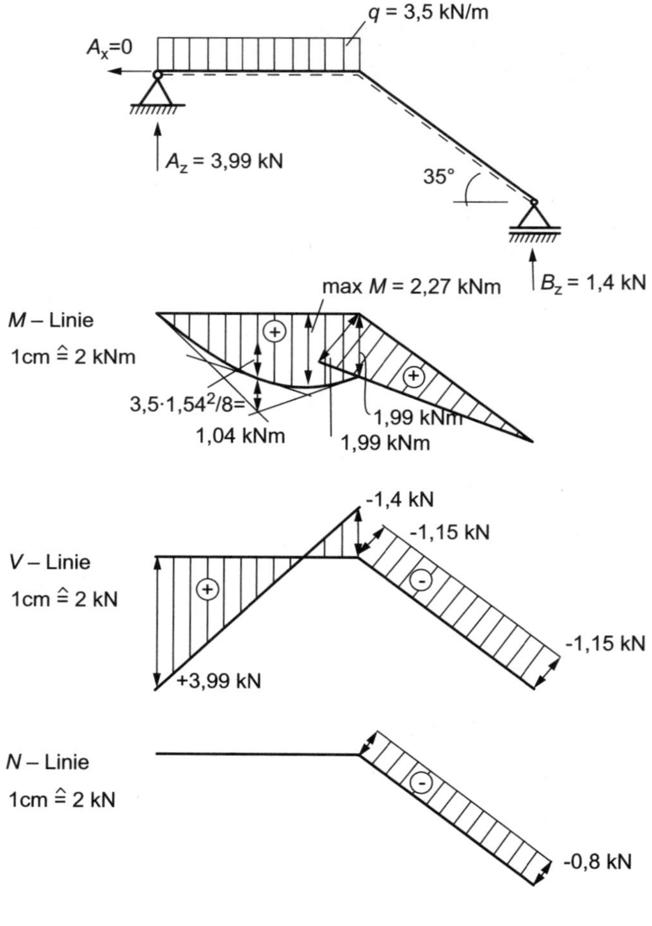

Aufgabe 17

Man ermittle die Auflagerkräfte und die Zustandslinien

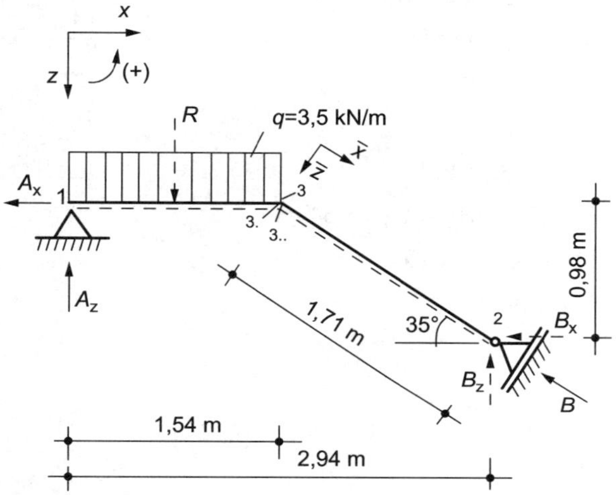

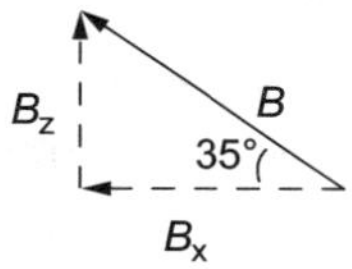

Auflagerkräfte

$B_x = B \cdot \cos 35°$

$B_z = B \cdot \sin 35°$

$\Sigma M_1 = 0$: $B_z \cdot 2{,}94 - B_x \cdot 0{,}98 - R \cdot 0{,}77 = 0$

$B \cdot \sin 35° \cdot 2{,}94 - B \cdot \cos 35° \cdot 0{,}98 - 3{,}5 \cdot 1{,}54 \cdot 0{,}77 = 0$

$B\,(0{,}5736 \cdot 2{,}94 - 0{,}8192 \cdot 0{,}981) - 4{,}15 = 0$

$B = 4{,}15/0{,}884 = 4{,}70\ \text{kN}$

$B_x = 4{,}70 \cdot \cos 35° = 4{,}70 \cdot 0{,}8192 = 3{,}85\ \text{kN}$

$B_z = 4{,}70 \cdot \sin 35° = 4{,}70 \cdot 0{,}5736 = 2{,}70\ \text{kN}$

$\Sigma F_x = 0$: $-A_x - B_x = 0$

$A_x = -B_x = -3{,}85\ \text{kN}$

$\Sigma F_z = 0$: $-A_z - B_z + R = 0$

$A_z = -B_z + 3{,}5 \cdot 1{,}54 = -2{,}70 + 5{,}39$

$A_z = 2{,}69\ \text{kN}$

Schnittgrößen

Schnitt I

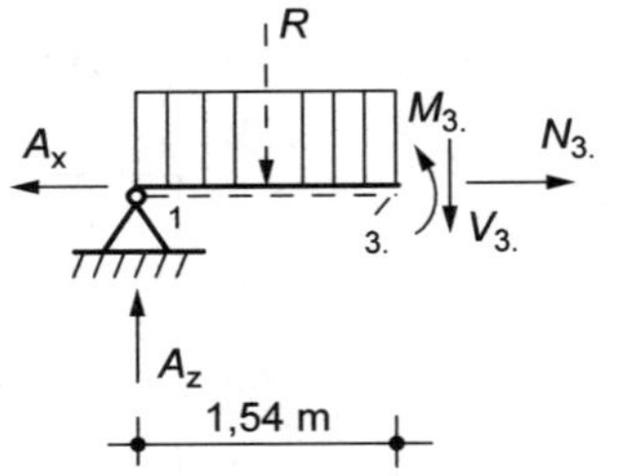

$\Sigma F_z = 0: \; - A_z + V_{3.} + R = 0$

$V_{3.} = A_z - R = 2{,}69 - 5{,}39$

$V_{3.} = -2{,}70 \text{ kN}$

$\Sigma F_x = 0: \; - A_x + N_{3.} = 0$

$N_{3.} = A_x$

$N_{3.} = -3{,}85 \text{ kN}$

$\Sigma M_1 = 0: - R \cdot 0{,}77 + M_{3.} - V_{3.} \cdot 1{,}54 = 0$

$M_{3.} = 4{,}15 - 4{,}15$

$M_{3.} = 0$

Schnitt II

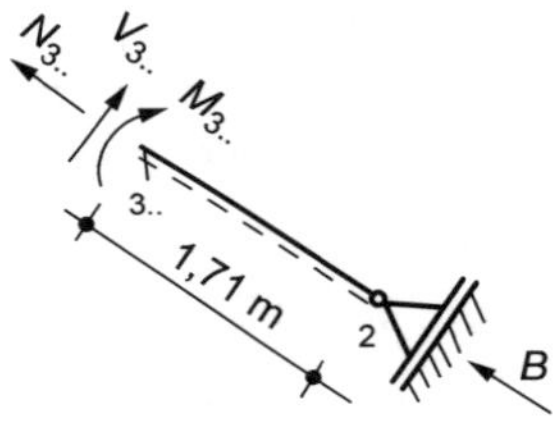

$\Sigma F_{\bar{z}} = 0: - \; V_{3..} = 0$

$V_{3..} = 0$

$\Sigma F_{\bar{x}} = 0: - \; N_{3..} - B = 0$

$N_{3..} = -B$

$N_{3..} = -4{,}70 \text{ kN}$

$\Sigma M_2 = 0: - M_{3..} - V_{3..} \cdot 1{,}71 = 0$

$M_{3..} = -(0 \cdot 1{,}71)$

$M_{3..} = 0$

Schnitt III

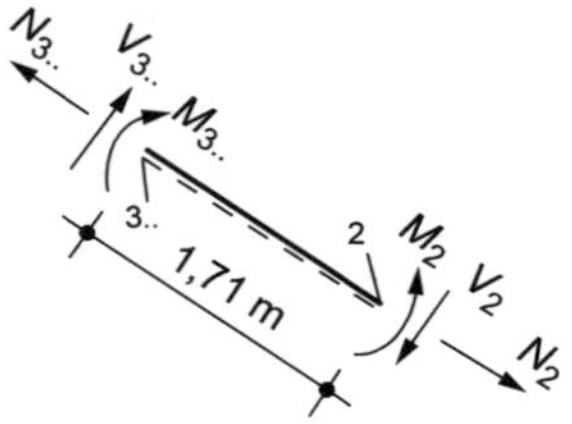

$\Sigma F_{\bar{z}} = 0: \quad V_2 - V_{3..} = 0$

$V_2 = V_{3..}$

$V_2 = 0$

$\Sigma F_{\bar{x}} = 0: \quad N_2 - N_{3..} = 0$

$N_2 = N_{3..}$

$N_2 = -4{,}70 \text{ kN}$

$\Sigma M_3 = 0: - M_2 - V_2 \cdot 1{,}71 - M_{3..} = 0$

$M_2 = 0$

Zustandslinien

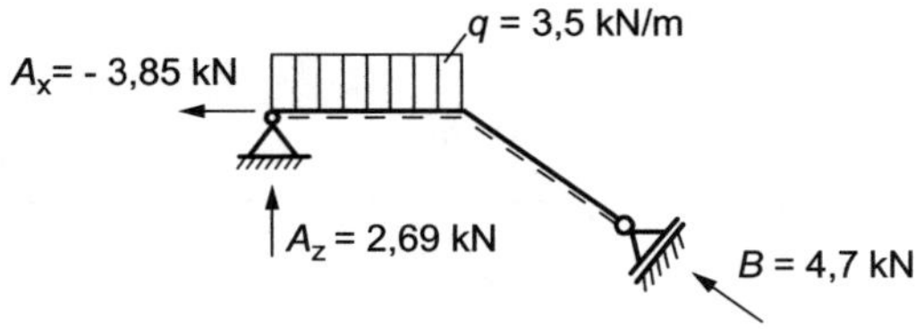

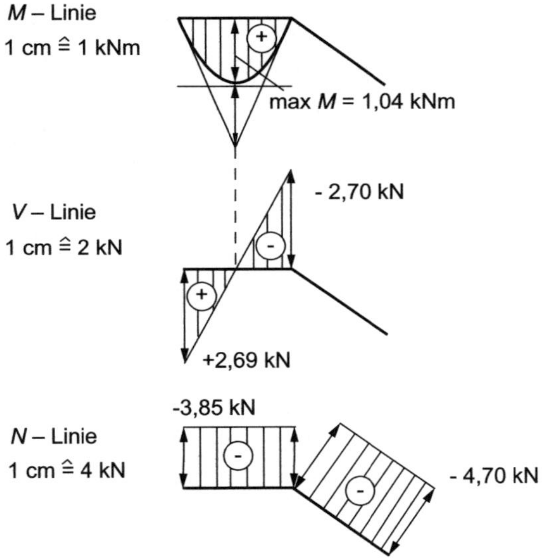

Aufgabe 18

Man ermittle der Zustandslinien *M, V, N*

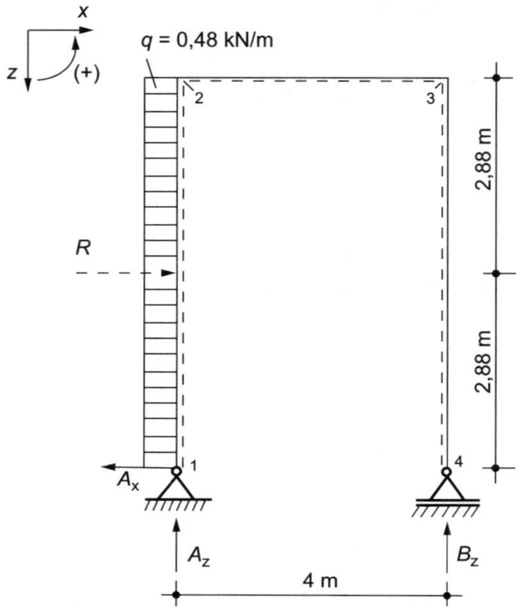

$R = 0{,}48 \cdot 5{,}76 = 2{,}76$ kN

Auflagerkräfte

$\Sigma M_4 = 0{:}\ -A_z \cdot 4 - R \cdot 2{,}88 = 0$

$$A_z = \frac{1}{4}(-2{,}76 \cdot 2{,}88)$$

$$A_z = -1{,}99 \text{ kN}$$

$\Sigma F_z = 0{:}\ -A_z - B_z = 0$

$$B_z = -A_z = 1{,}99 \text{ kN}$$

$\Sigma F_x = 0{:}\ -A_x + R = 0$

$$A_x = R = 2{,}76 \text{ kN}$$

Schnittgrößen

Schnitt I

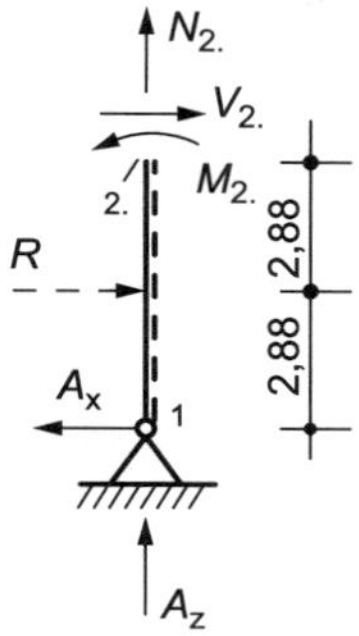

$\Sigma M_2 = 0\text{:} - A_x \cdot 5{,}76 + R \cdot 2{,}88 + M_{2.} = 0$

$M_{2.} = 2{,}76 \cdot 5{,}76 - 2{,}76 \cdot 2{,}88$

$M_{2.} = 7{,}95 \text{ kNm}$

$\Sigma F_z = 0\text{:} \; - A_z - N_{2.} = 0$

$N_{2.} = - A_z = 1{,}99 \text{ kN}$

$\Sigma F_x = 0\text{:} \; - A_x + R + V_{2.} = 0$

$V_{2.} = 2{,}76 - 2{,}76 = 0$

Schnitt II

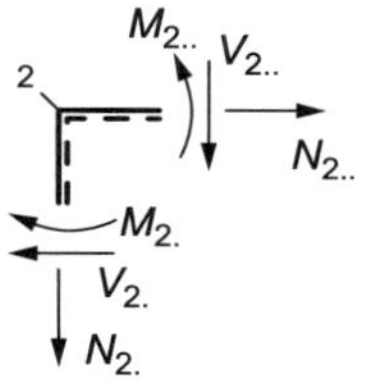

$\Sigma M_2 = 0\text{:} \quad M_{2..} = M_{2.} = 7{,}95 \text{ kNm}$

$\Sigma F_z = 0\text{:} \quad N_{2.} + V_{2..} = 0$

$V_{2..} = - N_{2.} = - 1{,}99 \text{ kN}$

$\Sigma F_x = 0\text{:} \; - V_{2.} + N_{2..} = 0$

$N_{2..} = V_{2.} = 0$

Schnitt III

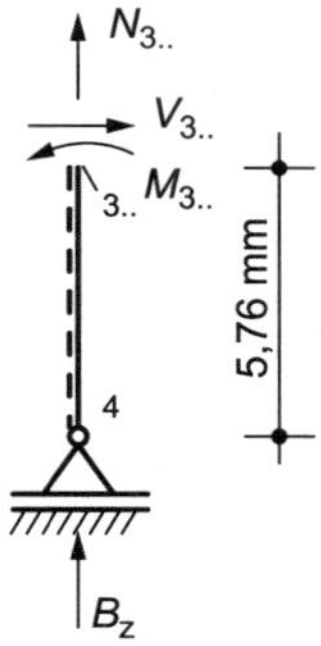

$\Sigma M_3 = 0\text{:} \quad M_{3..} = 0$

$\Sigma F_z = 0\text{:} - B_z - N_{3..} = 0$

$N_{3..} = - B_z = - 1{,}99 \text{ kN}$

$\Sigma F_x = 0\text{:} \quad V_{3..} = 0$

Schnitt IV

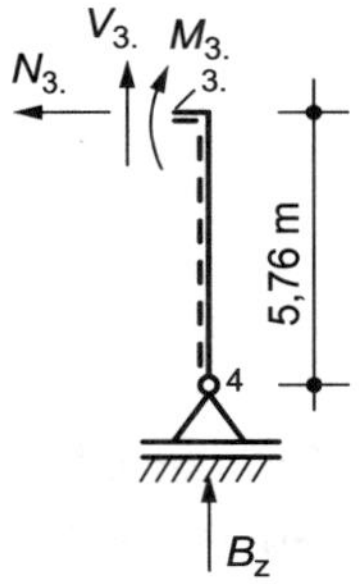

$\Sigma M_3 = 0\text{:} \quad M_{3.} = 0$

$\Sigma F_z = 0\text{:} \; - B_z - V_{3.} = 0$

$V_{3.} = - B_z = - 1{,}99 \text{ kN}$

$\Sigma F_x = 0\text{:} \quad N_{3.} = 0$

Zustandslinien

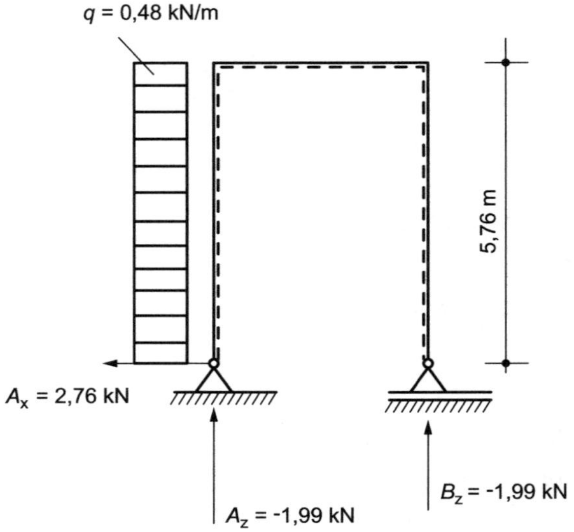

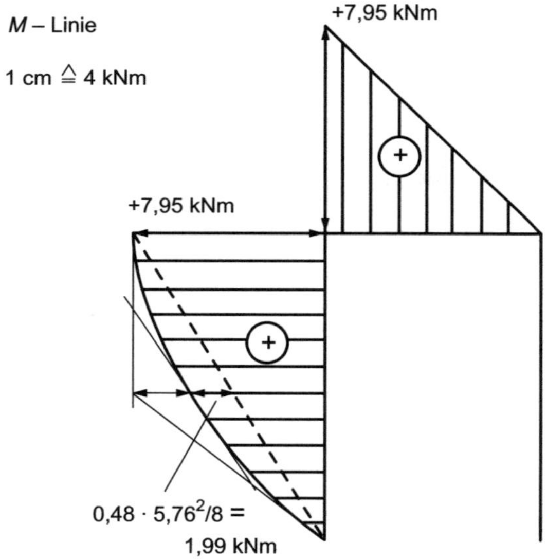

Hinweis:

Aus Gründen der Übersichtlichkeit wurden die positiven Momente nicht auf der Seite der Zugfaser angetragen.

V – Linie

1 cm ≙ 2 kN

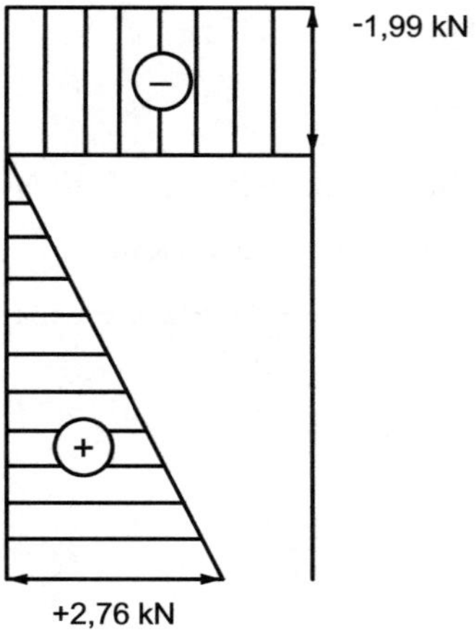

N – Linie

1 cm ≙ 2 kN

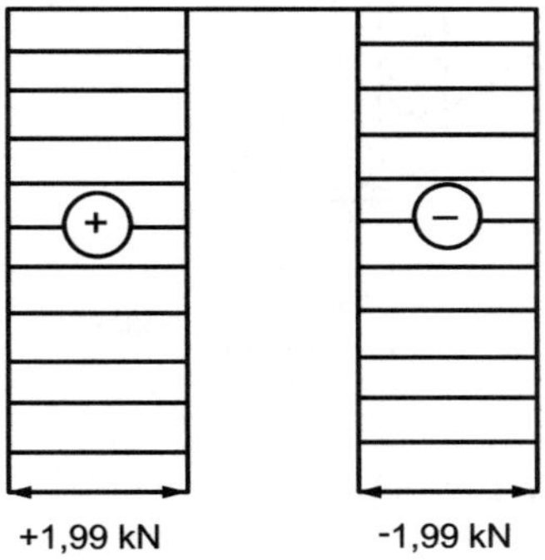

Aufgabe 19

Man ermittle die Zustandslinien *M, V, N*

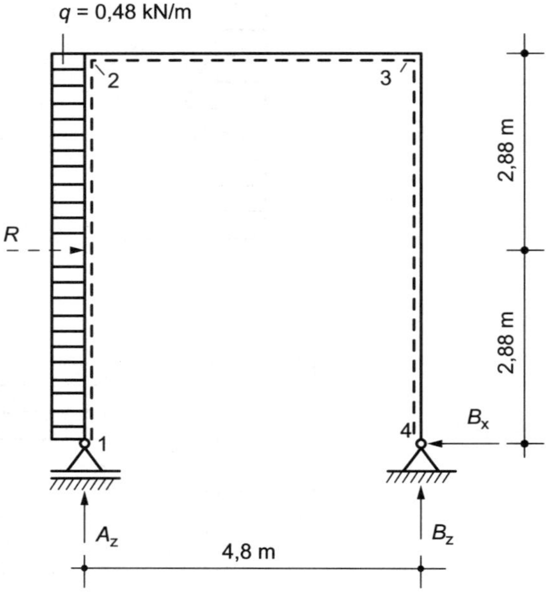

$R = 0{,}48 \cdot 5{,}76 = 2{,}76$ kN

Auflagerkräfte

$$\Sigma M_4 = 0{:}\ -A_z \cdot 4{,}8 - R \cdot 2{,}88 = 0$$

$$A_z = -\frac{1}{4{,}8} \cdot 2{,}76 \cdot 2{,}88$$

$$A_z = -1{,}66 \text{ kN}$$

$$\Sigma F_z = 0{:}\ -A_z - B_z = 0$$

$$B_z = -A_z = 1{,}66 \text{ kN}$$

$$\Sigma F_x = 0{:}\ -B_x + R = 0$$

$$B_x = R = 2{,}76 \text{ kN}$$

Schnittgrößen

Schnitt I

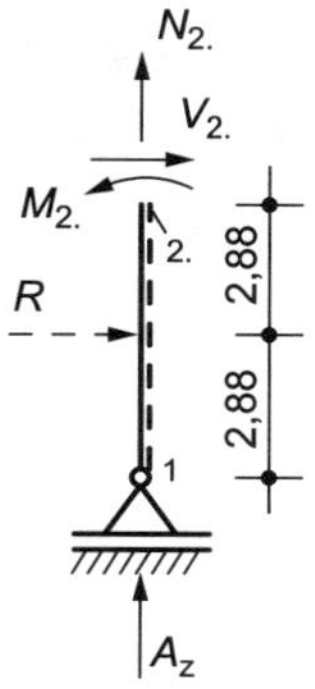

$\Sigma M_2 = 0$: $R \cdot 2{,}88 + M_{2.} = 0$

$M_{2.} = -2{,}76 \cdot 2{,}88$

$M_{2.} = -7{,}95$ kNm

$\Sigma F_z = 0$: $-A_z - N_{2.} = 0$

$N_{2.} = -A_z = 1{,}66$ kN

$\Sigma F_x = 0$: $R + V_{2.} = 0$

$V_{2.} = -R = -2{,}76$ kN

Schnitt II

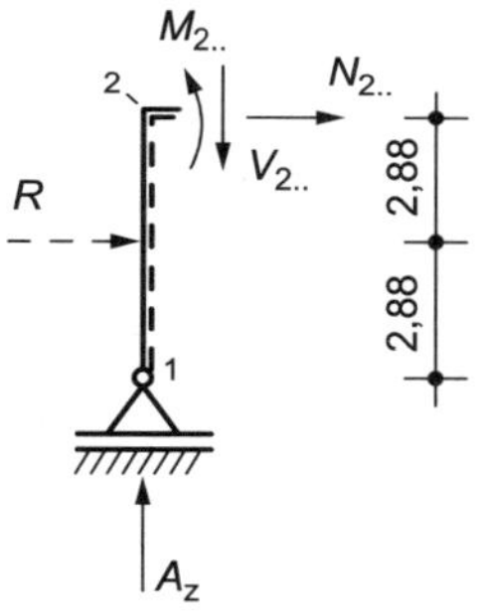

$\Sigma M_2 = 0$: $M_{2..} = -7{,}95$ (s.o.)

$\Sigma F_z = 0$: $-A_z + V_{2..} = 0$

$V_{2..} = A_z = -1{,}66$ kN

$\Sigma F_x = 0$: $R + N_{2..} = 0$

$N_{2..} = -R = -2{,}76$ kN

Schnitt III

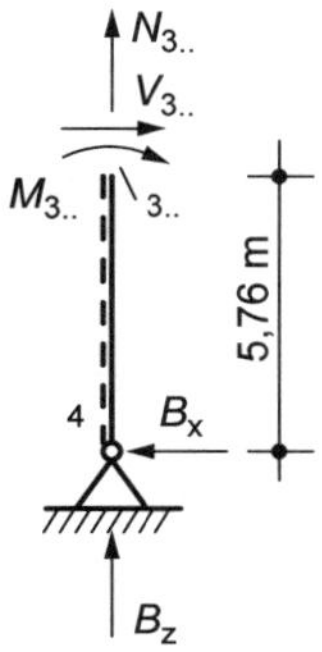

$\Sigma M_3 = 0$: $-B_x \cdot 5{,}76 - M_{3..} = 0$

$M_{3..} = -2{,}76 \cdot 5{,}76$

$M_{3..} = -15{,}90$ kNm

$\Sigma F_z = 0$: $-B_z - N_{3..} = 0$

$N_{3..} = -1{,}66$ kN

$\Sigma F_x = 0$: $-B_x + V_{3..} = 0$

$V_{3..} = 2{,}76$ kN

Schnitt IV

$\Sigma M_3 = 0$: $M_{3.} = M_{3..} = -15{,}9$ kNm

$\Sigma F_z = 0$: $N_{3..} - V_{3.} = 0$

$V_{3.} = N_{3..} = -1{,}66$ kN

$\Sigma F_x = 0$: $-N_{3.} - V_{3..} = 0$

$N_{3.} = -V_{3..} = -2{,}76$ kN

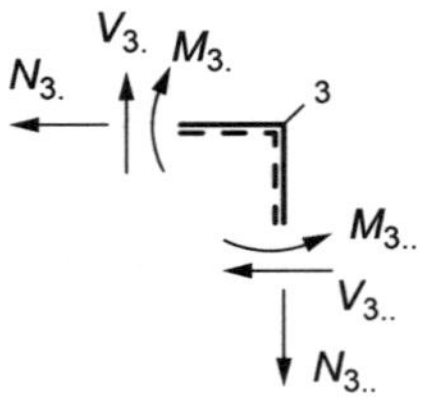

Zustandslinien

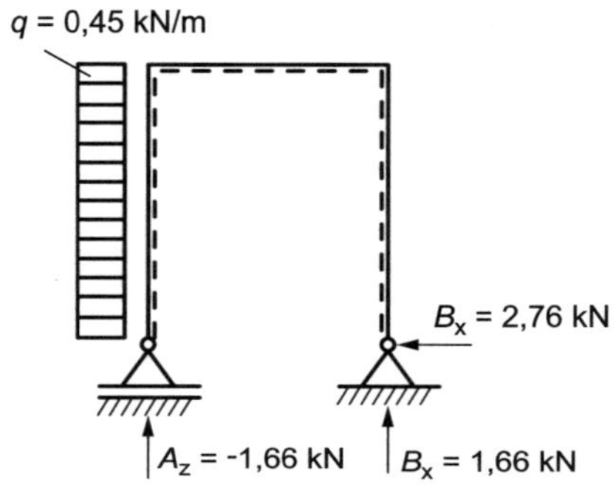

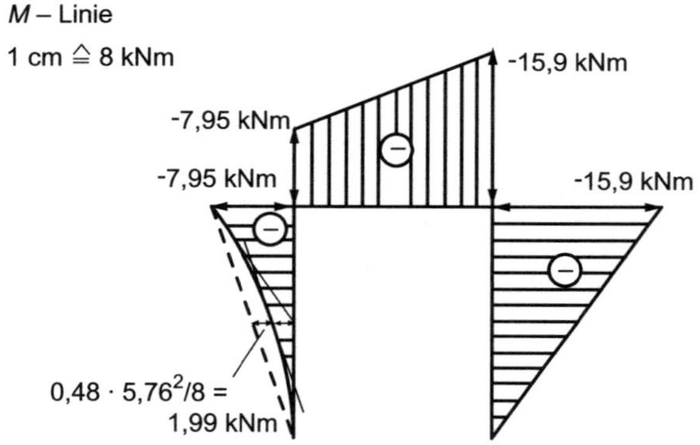

V – Linie

1 cm ≙ 4 kN

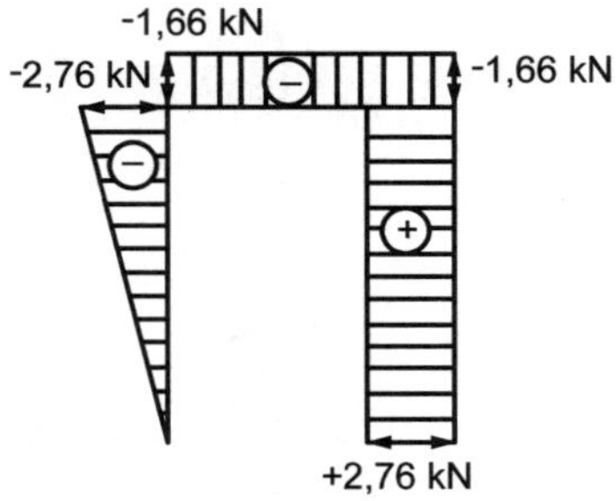

N – Linie

1 cm ≙ 4 kN

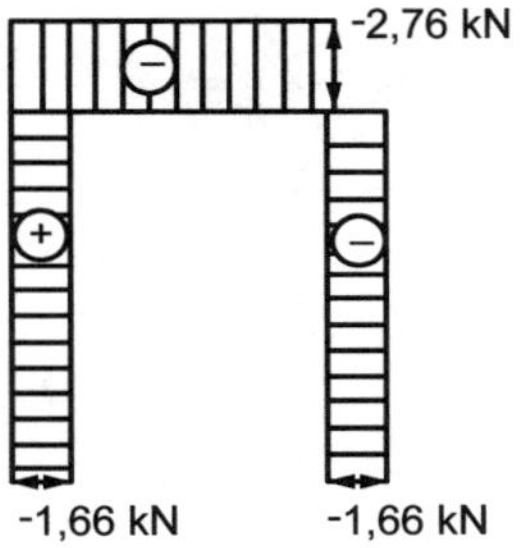

Aufgabe 20

Man ermittle die Zustandslinien *M, V, N*

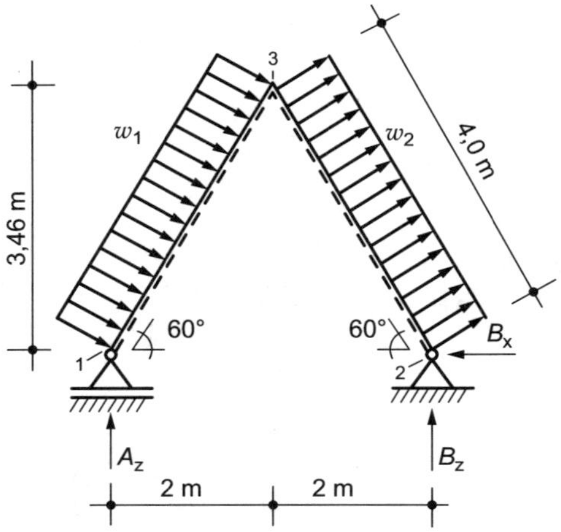

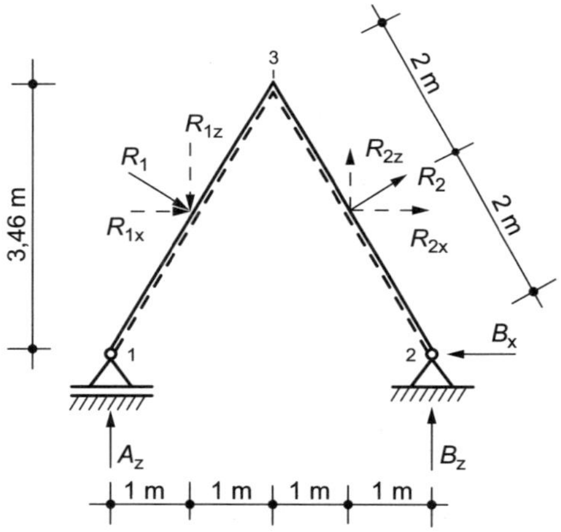

$w_1 = 0{,}64$ kN/m
$w_2 = 0{,}48$ kN/m

$R_1 = 0{,}64 \cdot 4 = 2{,}56$ kN
$R_2 = 0{,}48 \cdot 4 = 1{,}92$ kN

Zerlegung der Resultierenden:

$R_{1x} = R_1 \cdot \sin 60° = 2{,}56 \cdot 0{,}866 = 2{,}22$ kN

$R_{1z} = R_1 \cdot \cos 60° = 2{,}56 \cdot 0{,}5 \quad = 1{,}28$ kN

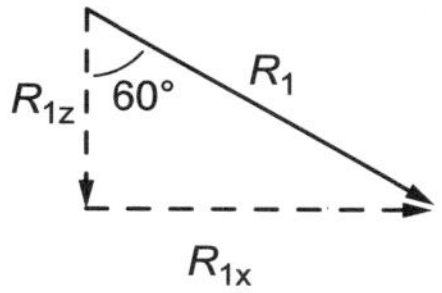

$R_{2x} = R_2 \cdot \sin 60° = 1{,}92 \cdot 0{,}866 = 1{,}66$ kN

$R_{2z} = R_2 \cdot \cos 60° = 1{,}92 \cdot 0{,}5 = 0{,}96$ kN

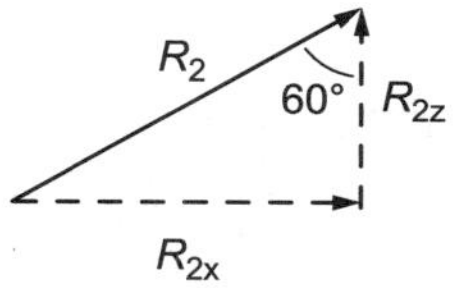

Auflagerkräfte

$\Sigma M_1 = 0: \quad B_z \cdot 4{,}0 - R_{1x} \cdot 1{,}73 - R_{1z} \cdot 1{,}0 - R_{2x} \cdot 1{,}73 + R_{2z} \cdot 3 = 0$

$B_z = \frac{1}{4}\,(2{,}22 \cdot 1{,}73 + 1{,}28 \cdot 1{,}0 + 1{,}66 \cdot 1{,}73 - 0{,}96 \cdot 3)$

$B_z = 1{,}28$ kN

$\Sigma F_z = 0: \quad - A_z - B_x + R_{1z} - R_{2z} = 0$

$A_z = -\,1{,}28 + 1{,}28 - 0{,}96 = -\,0{,}96$ kN

$\Sigma F_x = 0: \quad - B_x + R_{1x} + R_{2x} = 0$

$B_x = 2{,}22 + 1{,}66 = 3{,}88$ kN

Schnittgrößen

Schnitt I

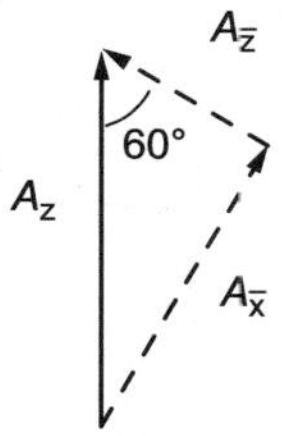

$A_{\bar{x}} = A_z \cdot \sin 60°$

$A_{\bar{x}} = -\,0{,}83$ kN

$A_{\bar{z}} = A_z \cdot \cos 60°$

$A_{\bar{z}} = -\,0{,}48$ kN

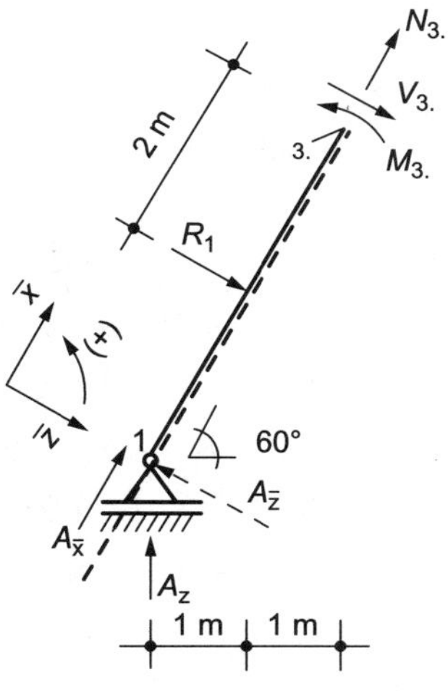

$$\Sigma M_3 = 0{:}\; -A_z \cdot 2 + R_1 \cdot 2 + M_{3.} = 0$$
$$M_{3.} = A_z \cdot 2 - R_1 \cdot 2$$
$$M_{3.} = -0{,}96 \cdot 2 - 2{,}56 \cdot 2$$
$$M_{3.} = -7{,}04 \text{ kNm}$$
$$\Sigma F_{\bar{x}} = 0{:} \quad A_{\bar{x}} + N_{3.} = 0$$
$$N_{3.} = -A_{\bar{x}} = 0{,}83 \text{ kN}$$
$$\Sigma F_{\bar{z}} = 0{:}\; - \quad A_{\bar{z}} + R_1 + V_{3.} = 0$$
$$V_{3.} = A_{\bar{z}} - R_1 = -0{,}48 - 2{,}56$$
$$V_{3.} = -3{,}04 \text{ kN}$$

Schnitt II

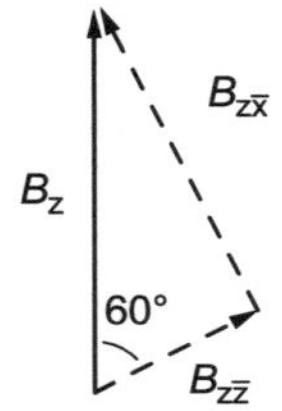

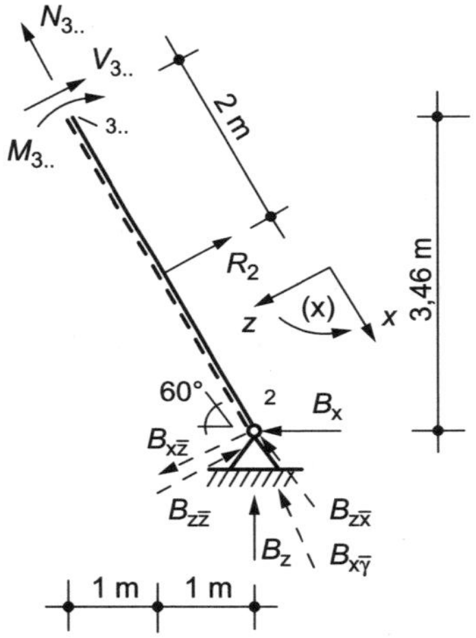

$$B_{z\bar{x}} = B_z \cdot \sin 60° = 1{,}11 \text{ kN}$$
$$B_{z\bar{z}} = B_z \cdot \cos 60° = 0{,}64 \text{ kN}$$

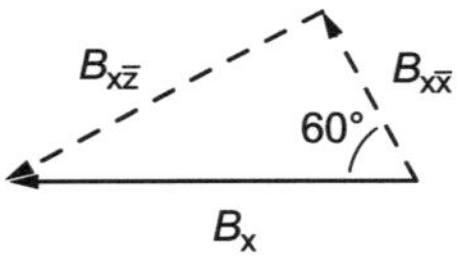

$$B_{x\bar{x}} = B_x \cdot \cos 60° = 1{,}94 \text{ kN}$$
$$B_{x\bar{z}} = B_x \cdot \sin 60° = 3{,}36 \text{ kN}$$

$$\Sigma M_3 = 0{:} \quad B_z \cdot 2 - B_x \cdot 3{,}464 + R_2 \cdot 2 - M_{3..} = 0$$
$$M_{3..} = 1{,}28 \cdot 2 - 3{,}88 \cdot 3{,}464 + 1{,}92 \cdot 2$$
$$M_{3..} = -7{,}04 \text{ kNm}$$
$$\Sigma F_{\bar{x}} = 0{:}\; - \quad B_{z\bar{x}} + B_{x\bar{x}} - N_{3..} = 0$$
$$N_{3..} = -1{,}11 - 1{,}94$$
$$N_{3..} = -3{,}05 \text{ kN}$$

$$\Sigma F_{\bar{z}} = 0: \; - B_{z\bar{z}} + B_{x\bar{z}} - R_2 - V_{3..} = 0$$
$$V_{3..} = -0{,}64 + 3{,}36 - 1{,}92$$
$$V_{3..} = 0{,}8 \text{ kN}$$

Schnitt III

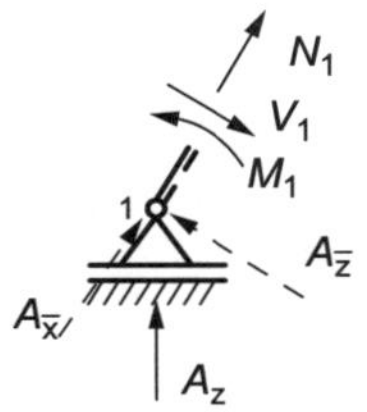

$$M_1 = 0 \text{ (Gelenk)}$$
$$\Sigma F_{\bar{z}} = 0: \; - A_{\bar{z}} + V_1 = 0$$
$$V_1 = A_{\bar{z}} = -0{,}48 \text{ kN}$$
$$\Sigma F_{\bar{x}} = 0: \; A_{\bar{x}} + N_1 = 0$$
$$N_1 = -A_{\bar{x}} = 0{,}83 \text{ kN}$$

Schnitt IV

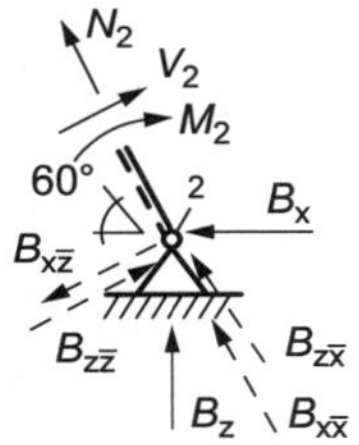

$$M_2 = 0 \text{ (Gelenk)}$$
$$\Sigma F_{\bar{z}} = 0: \; - V_2 + B_{x\bar{z}} - B_{z\bar{z}} = 0$$
$$V_2 = 3{,}36 - 0{,}64 = 2{,}72 \text{ kN}$$
$$\Sigma F_{\bar{x}} = 0: \; - N_2 - B_{x\bar{x}} - B_{z\bar{x}} = 0$$
$$N_2 = -1{,}94 - 1{,}11 = -3{,}05 \text{ kN}$$

Zustandslinien

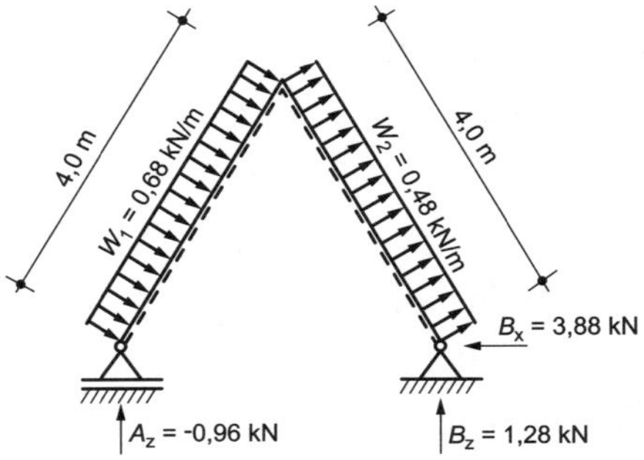

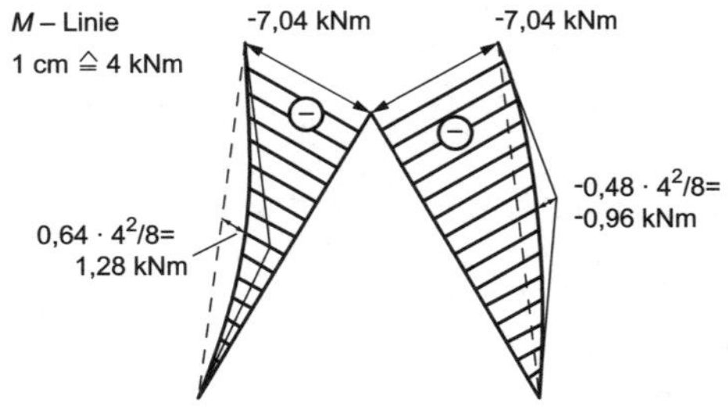

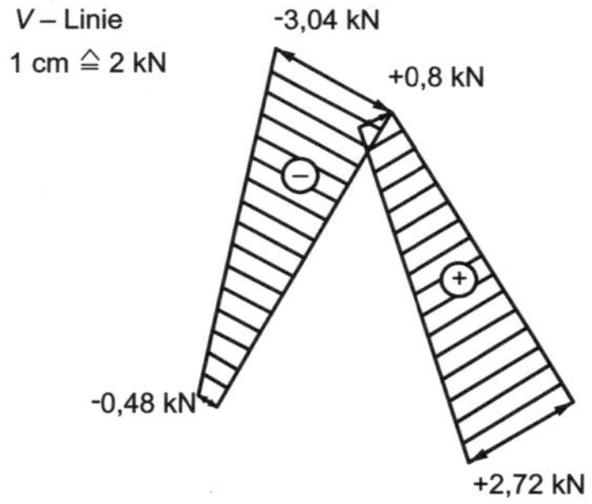

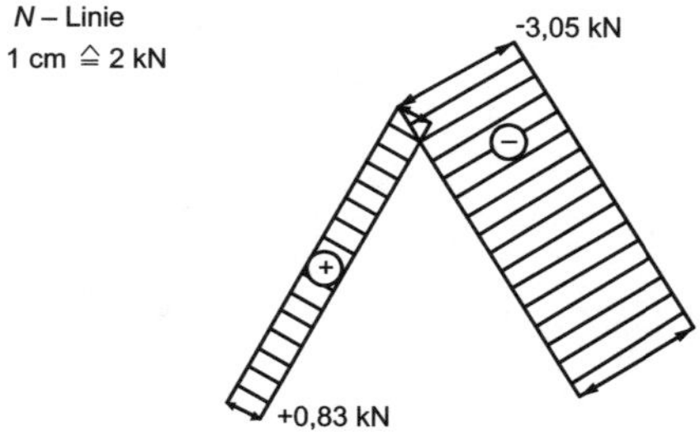

Aufgabe 21

Man ermittle die Auflagerkräfte, die Schnittgrößen an den Stellen 2. und 2.. sowie max M.

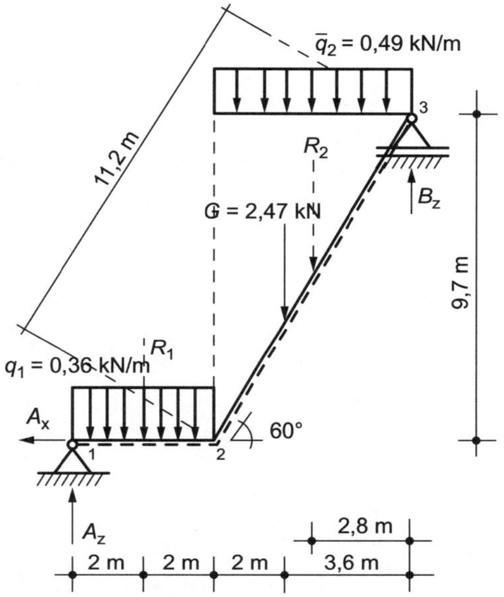

$R_1 = 0{,}36 \cdot 4 = 1{,}44$ kN

$R_2 = 0{,}49 \cdot 5{,}6 = 2{,}74$ kN

Auflagerkräfte

$\Sigma F_x = 0: \quad A_x = 0$

$\Sigma M_1 = 0: -1{,}44 \cdot 2{,}0 - 2{,}74 \cdot 6{,}8 - 2{,}47 \cdot 6{,}0 + B_z \cdot 9{,}6 = 0$

$B_z = (2{,}88 + 18{,}63 + 14{,}82)/9{,}6$

$B_z = 3{,}78$ kN

$\Sigma F_z = 0: \; - A_z + 1{,}44 + 2{,}47 + 2{,}74 - B_z = 0$

$A_z = 1{,}44 + 2{,}47 + 2{,}74 - 3{,}78$

$A_z = 2{,}87$ kN

Schnitt I

$\Sigma M_2 = 0$: $M_{2.} - A_z \cdot 4{,}0 + 1{,}44 \cdot 2{,}0 = 0$

$M_{2.} = 11{,}48 - 2{,}88 = 8{,}6$ kNm

$\Sigma F_z = 0$: $V_{2.} - 2{,}87 + 1{,}44 = 0$

$V_{2.} = 2{,}87 - 1{,}44 = 1{,}43$ kN

$\Sigma F_x = 0$: $N_{2.} - A_x = 0$

$N_{2.} = 0$

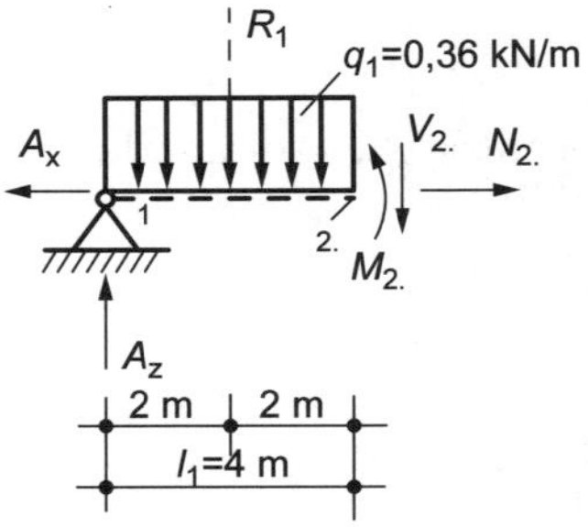

Zerlegung der Einzellasten

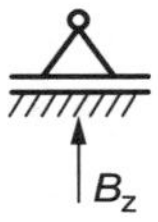

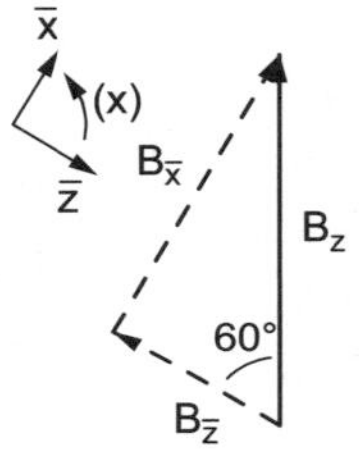

$B_{\bar{z}} = B_z \cdot \cos 60° = 1{,}89$ kN

$B_{\bar{x}} = B_z \cdot \sin 60° = 3{,}27$ kN

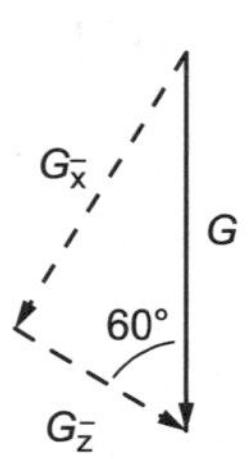

$G_{\bar{z}} = G \cdot \cos 60° = 1{,}24$ kN

$G_{\bar{x}} = G \cdot \sin 60° = 2{,}14$ kN

Zerlegung von g_2

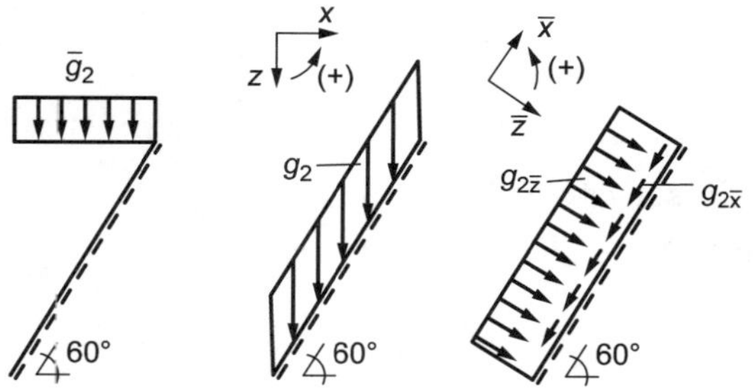

$g_2 = \bar{g}_2 \cdot \cos 60°$

$g_2 = 0{,}49 \cdot 0{,}5 = 0{,}245$ kN/m

$g_{2\bar{x}} = g_2 \cdot \sin 60° = 0{,}212$ kN/m

$g_{2\bar{z}} = g_2 \cdot \cos 60° = 0{,}123$ kN/m

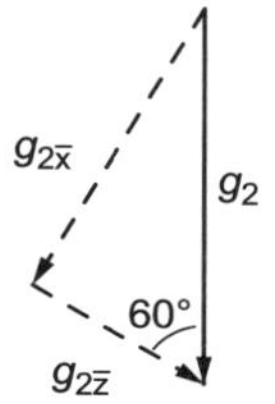

Schnitt II

$l_2 = 2/\cos 60° = 4{,}0$ m

$l_3 = 3{,}6/\cos 60° = 7{,}2$ m

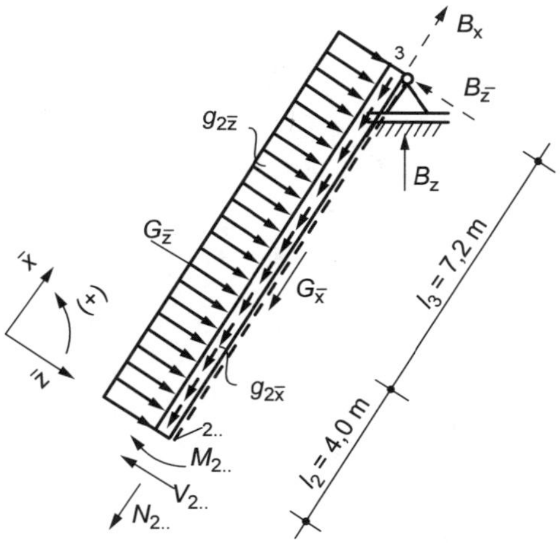

$\Sigma M_2 = 0 \quad B_{\bar{z}} \cdot 11{,}2 - g_{2\bar{z}} \cdot 11{,}2^2/2 - G_{\bar{z}} \cdot 4{,}0 - M_{2..} = 0$

$M_{2..} = 1{,}89 \cdot 11{,}2 - 0{,}123 \cdot 62{,}72 - 1{,}24 \cdot 4{,}0$

$M_{2..} = 8{,}5$ kNm

$\Sigma F_{\bar{z}} = 0\colon -V_{2..} + g_{2\bar{z}} \cdot 11{,}2 + G_{\bar{z}} - B_{\bar{z}} = 0$

$V_{2..} = 0{,}123 \cdot 11{,}2 + 1{,}24 - 1{,}89$

$V_{2..} = 0{,}73$ kN

Querkraftnulldurchgang

$V_{\overline{z}}/g_{2\overline{z}} = 0{,}73/0{,}123 = 5{,}93 \text{ m} > 4{,}0$

$B_{\overline{z}}/g_{2\overline{z}} = 1{,}89/0{,}123 = 15{,}37 \text{ m} > 7{,}2$

V-Nulldurchgang liegt unter der Einzellast

$\max M = B_{\overline{z}} \cdot 7{,}2 - g_{2\overline{z}} \cdot 7{,}2^2/2 = 10{,}4 \text{ kNm}$

Aufgabe 22

Man ermittle die Zustandslinien

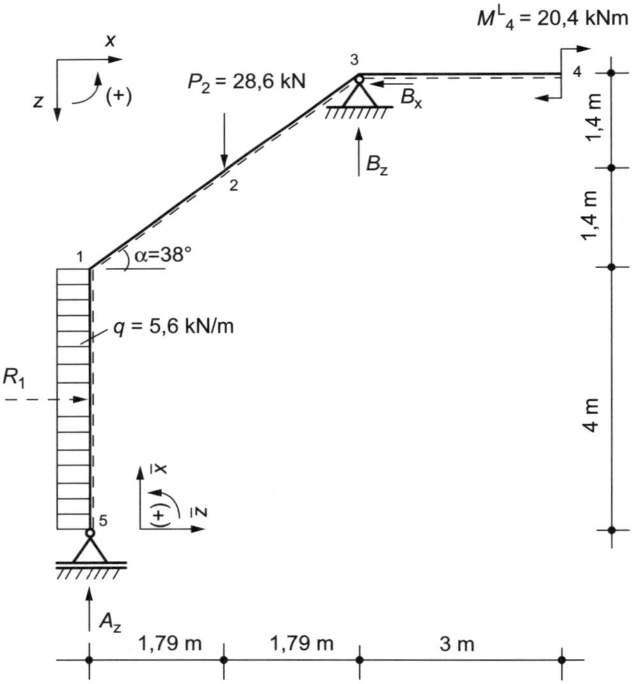

$R_1 = q \cdot 4 = 5{,}6 \cdot 4$

$R_1 = 22{,}4 \text{ kN}$

Auflagerkräfte

$$\Sigma M_3 = 0: -A_z \cdot 3{,}58 + R_1 \cdot 4{,}8 + P_z \cdot 1{,}79 - M_4^L = 0$$

$$A_z = \frac{1}{3{,}58}(22{,}4 \cdot 4{,}8 + 28{,}6 \cdot 1{,}79 - 20{,}4)$$

$$A_z = 38{,}64 \text{ kN}$$

$$\Sigma M_3 = 0: -A_z - B_z + P_2 = 0$$

$$B_z = -38{,}64 + 28{,}6$$

$$B_z = -10{,}04 \text{ kN}$$

$$\Sigma F_x = 0: \quad R_1 - B_x = 0$$

$$B_x = 22{,}40 \text{ kN}$$

Kontrolle

$$\Sigma M_4 = 0: -A_z \cdot 6{,}58 + R_1 \cdot 4{,}8 + P_2 \cdot 4{,}79 - B_z \cdot 3{,}0 - M_4^L = 0$$

$$0{,}017 \approx 0$$

Schnittgrößen

Schnitt I

$$\Sigma F_x = 0: \quad V_{1.} + R_1 = 0$$

$$V_{1.} = -R_1$$

$$V_{1.} = -22{,}4 \text{ kN}$$

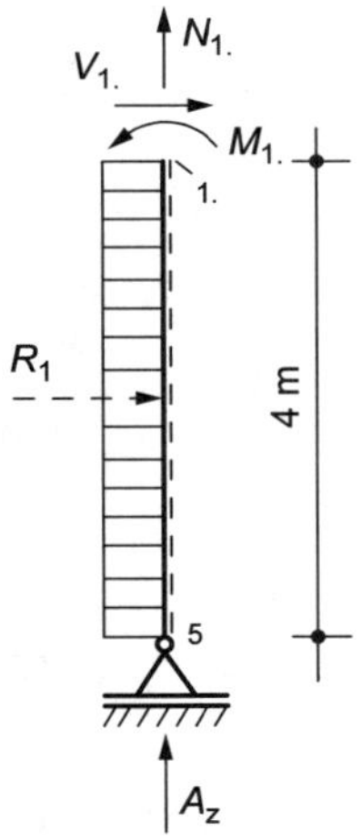

$$\Sigma F_z = 0: \quad -A_z - N_{1.} = 0$$

$$N_{1.} = -A_z$$

$$N_{1.} = -38{,}64 \text{ kN}$$

$$\Sigma M_5 = 0: \quad M_{1.} - R_1 \cdot 2 - V_{1.} \cdot 4 = 0$$

$$M_{1.} = R_1 \cdot 2 + V_{1.} \cdot 4$$

$$M_{1.} = 22{,}4 \cdot 2 + (-22{,}4) \cdot 4$$

$$M_{1.} = -44{,}8 \text{ kNm}$$

Schnitt II

$\alpha = 38°$

$\beta = 90° - 38°$

$\beta = 52°$

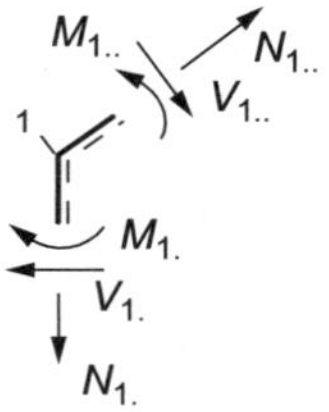

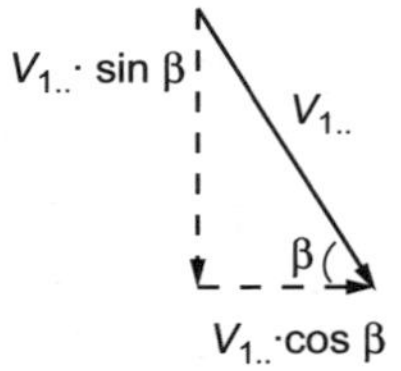

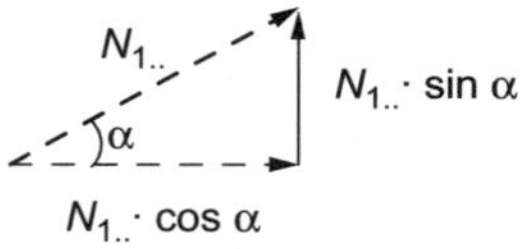

$$\Sigma F_x = 0: \quad N_{1..} \cdot \cos\alpha + V_{1..} \cdot \cos\beta - V_{1..} = 0$$

$$0{,}788 \cdot N_{1..} + 0{,}616 \cdot V_{1..} = -22{,}4$$

$$\Sigma F_z = 0: \quad -N_{1..} \cdot \sin\alpha + V_{1..} \cdot \sin\beta + N_{1.} = 0$$

$$-0{,}616 \cdot N_{1..} + 0{,}788 \cdot V_{1..} = 38{,}64$$

$$N_{1..} = -41{,}44 \text{ kN}$$

$$V_{1..} = 16{,}64 \text{ kN}$$

$$\Sigma M_1 = 0: \quad M_{1..} - M_{1.} = 0$$

$$M_{1..} = M_{1.}$$

$$M_{1..} = -44{,}8 \text{ kNm}$$

Schnitt III

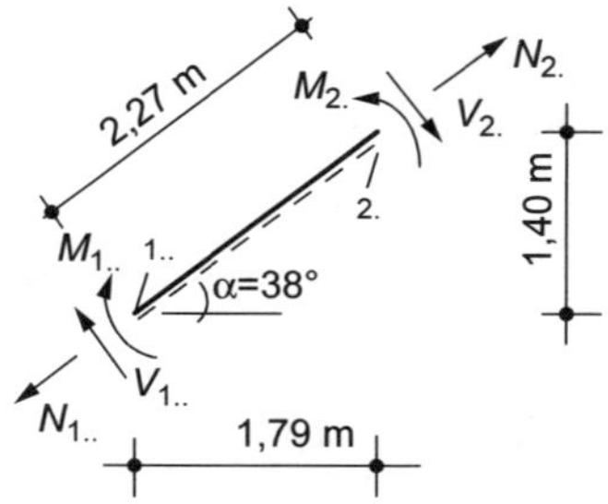

$$\Sigma F_x = 0: \quad N_{2.} - N_{1..} = 0$$

$$N_{2.} = N_{1..}$$

$$N_{2.} = -41{,}44 \text{ kN}$$

$$\Sigma F_z = 0: \quad V_{2.} - V_{1..} = 0$$

$$V_{2.} = V_{1..}$$

$$V_{2.} = 16{,}64 \text{ kN}$$

$$\Sigma M_1 = 0: -M_{1..} + M_{2.} - V_{2.} \cdot 2{,}27 = 0$$

$$M_{2.} = M_{1..} + V_{2.} \cdot 2{,}27 = -44{,}8 + 16{,}64 \cdot 2{,}27$$

$$M_{2.} = -44{,}8 + 37{,}8$$

$$M_{2.} = -7{,}0 \text{ kNm}$$

Schnitt IV

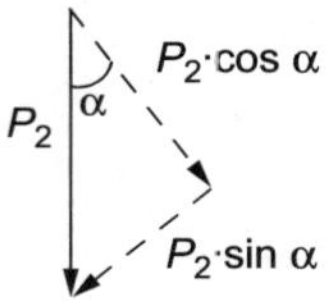

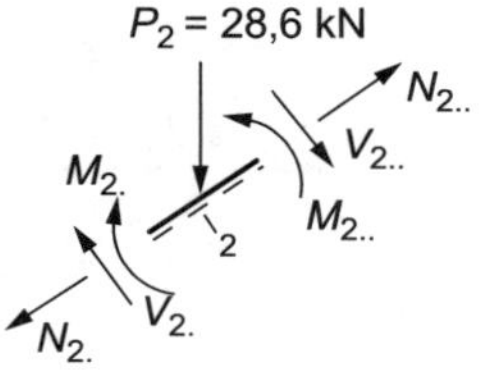

$\Sigma F_x = 0$: $N_{2..} - P_2 \cdot \sin\alpha - N_{2.} = 0$

$N_{2..} = N_{2.} + P_2 \cdot \sin\alpha = -41{,}44 + 28{,}6 \cdot 0{,}616$

$N_{2..} = -23{,}8$ kN

$\Sigma F_z = 0$: $V_{2..} - V_{2.} + P_2 \cdot \cos\alpha = 0$

$V_{2..} = V_{2.} - P_2 \cdot \cos\alpha = 16{,}64 - 28{,}6 \cdot 0{,}788$

$V_{2..} = -5{,}9$ kN

$\Sigma M_2 = 0$: $-M_{2.} + M_{2..} = 0$

$M_{2..} = M_{2.}$

$M_{2..} = -7{,}00$ kNm

Schnitt V

$\Sigma F_x = 0$: $N_{3.} - N_{2..} = 0$

$N_{3.} = N_{2..}$

$N_{3.} = -23{,}8$ kN

$\Sigma F_z = 0$: $V_{3.} - V_{2..} = 0$

$V_{3.} = V_{2..}$

$V_{3.} = -5{,}9$ kN

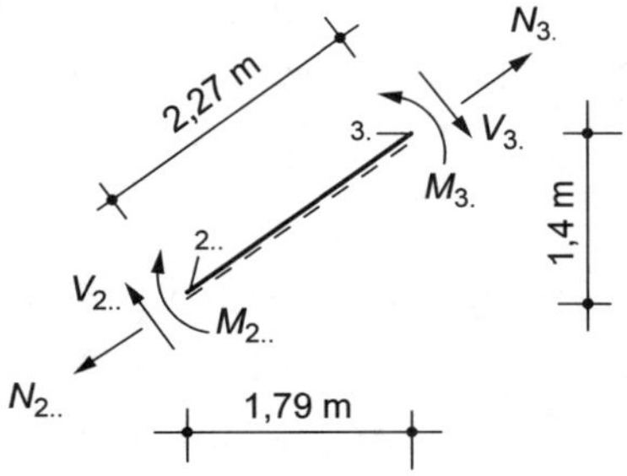

$\Sigma M_2 = 0$: $-M_{2..} + M_{3.} - V_{3.} \cdot 2{,}27 = 0$

$M_{3.} = M_{2..} + V_{3.} \cdot 2{,}27 = -7{,}0 + (-5{,}9) \cdot 2{,}27$

$M_{3.} = -20{,}4$ kNm

Schnitt VI

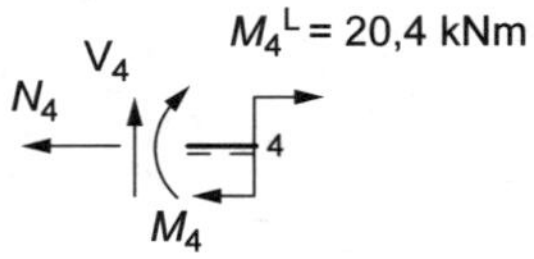

$$\Sigma F_x = 0: \; - N_4 = 0$$
$$N_4 = 0$$
$$\Sigma F_z = 0: \; - V_4 = 0$$
$$V_4 = 0$$
$$\Sigma M_4 = 0: - M_4^L - M_4 = 0$$
$$M_4 = - M_4^L$$
$$M_4 = - 20{,}4 \text{ kNm}$$

Schnitt VII

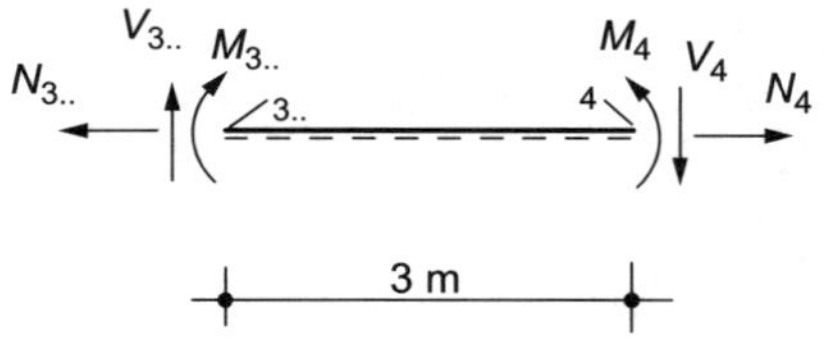

$$\Sigma F_x = 0: \quad N_4 - N_{3..} = 0$$
$$N_{3..} = N_4$$
$$N_{3..} = 0$$
$$\Sigma F_z = 0: \quad V_4 - V_{3..} = 0$$
$$V_{3..} = V_4$$
$$V_{3..} = 0$$
$$\Sigma M_3 = 0: - M_{3..} + M_4 - V_4 \cdot 3 = 0$$
$$M_{3..} = M_4 - V_4 \cdot 3 = - 20{,}4 - 0 \cdot 3$$
$$M_{3..} = - 20{,}4 \text{ kNm}$$

Kontrolle

Schnitt VIII

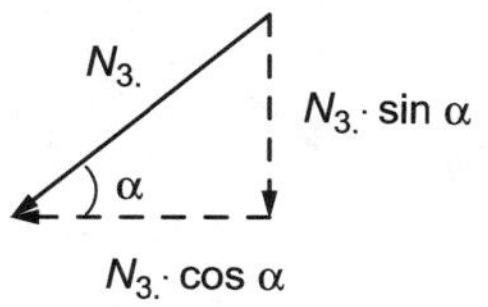

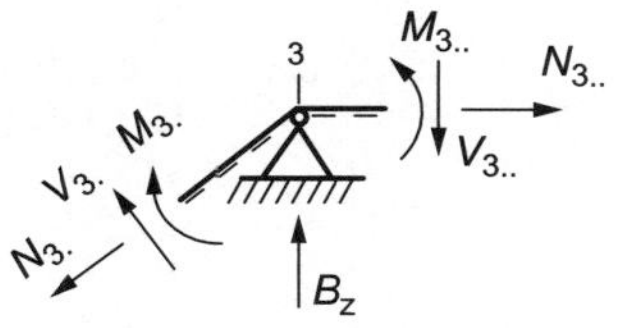

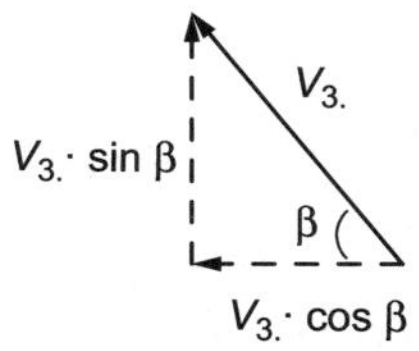

$$\Sigma F_x = 0: \quad N_{3..} - N_{3.} \cdot \cos\alpha - V_{3.} \cdot \cos\beta - B_x = 0$$

$$N_{3..} = N_{3.} \cdot \cos\alpha + V_{3.} \cdot \cos\beta + B_x$$

$$N_{3..} = -23{,}8 \cdot 0{,}788 + (-5{,}9) \cdot 0{,}616 + 22{,}4$$

$$N_{3..} = -22{,}4 + 22{,}4$$

$$N_{3..} = 0$$

$$\Sigma F_z = 0: \quad V_{3..} - B_z + N_3 \cdot \sin\alpha - V_{3.} \cdot \sin\beta = 0$$

$$V_{3..} = -10 - (-23{,}8) \cdot 0{,}616 + (-5{,}9) \cdot 0{,}788$$

$$V_{3..} = -10 + 14{,}66 - 4{,}66$$

$$V_{3..} = 0$$

$$\Sigma M_3 = 0: - M_{3.} - M_{3..} = 0$$

$$M_{3..} = M_{3.}$$

$$M_{3..} = -20{,}4 \text{ kNm}$$

Zustandslinien

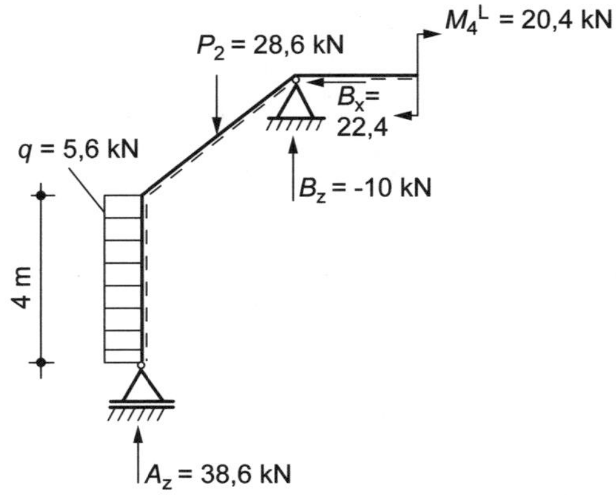

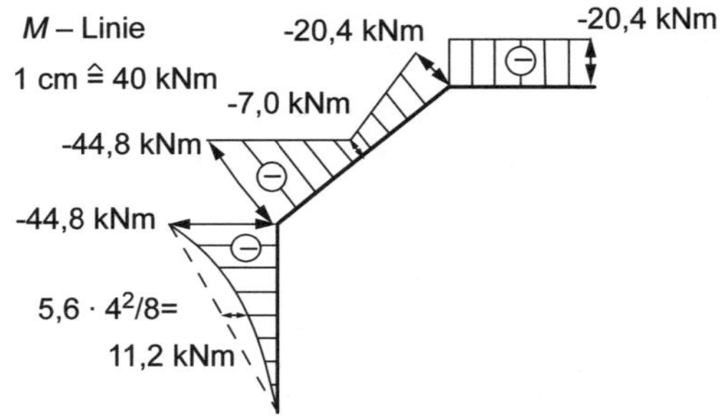

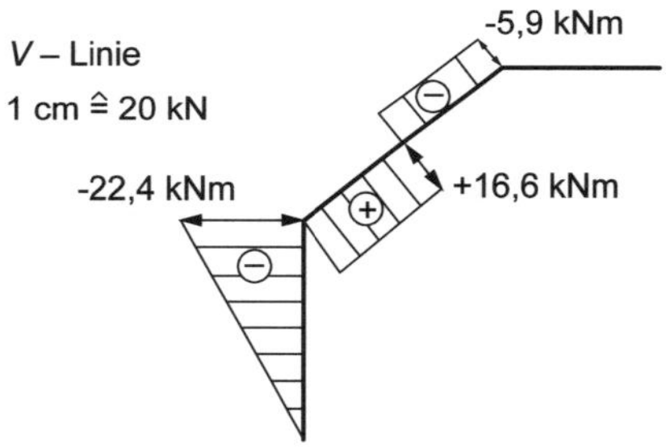

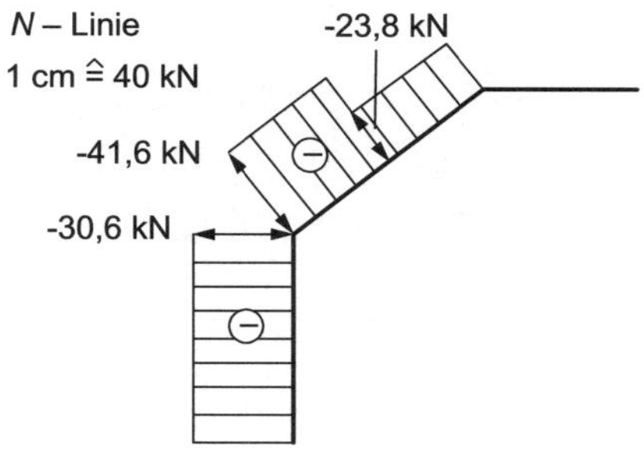

Aufgabe 23

Man ermittle die Auflagerkräfte und die Zustandslinien

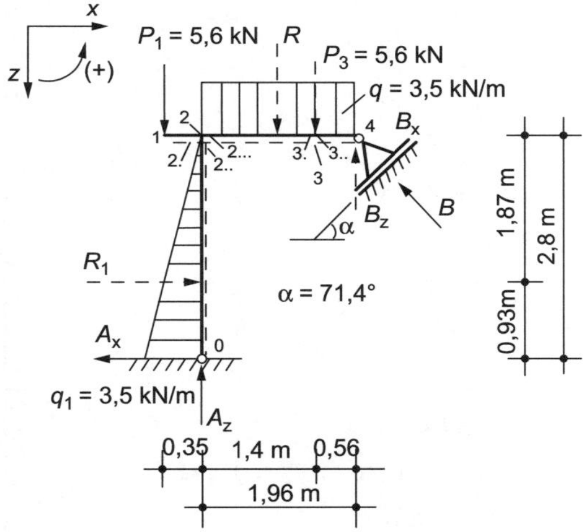

Kraftzerlegung

$B_z = B \cdot \cos \alpha$

$B_x = B \cdot \sin \alpha$

$R = q \cdot l = 3{,}5 \cdot 1{,}96$

$R = 6{,}86$

$R_1 = q_1 \cdot \frac{l_1}{2} = 3{,}5 \cdot \frac{2{,}8}{2}$

$R_1 = 4{,}9$ kN

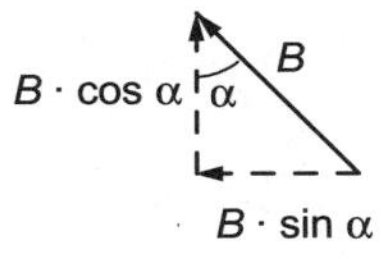

Auflagerkräfte

$\Sigma M_0 = 0$: $B \cdot \cos 71{,}4° \cdot 1{,}96 + B \cdot \sin 71{,}4° \cdot 2{,}8 - 6{,}86 \cdot 0{,}98$
$- 5{,}6 \cdot 1{,}4 + 5{,}6 \cdot 0{,}35 - 4{,}9 \cdot 0{,}93 - 0$
$B = (+6{,}72 + 7{,}84 - 1{,}96 + 4{,}56)/3{,}28$
$B = 5{,}23$ kN
$B_x = B \cdot \sin 71{,}4°$
$B_x = 4{,}96$ kN
$B_z = B \cdot \cos 71{,}4°$
$B_z = 1{,}67$ kN

$\Sigma F_z = 0$: $-1{,}67 + 6{,}86 + 5{,}6 + 5{,}6 - A_z = 0$
$A_z = 16{,}39$ kN

$\Sigma F_x = 0$: $-4{,}96 + 4{,}9 - A_x = 0$
$A_x = -0{,}06$ kN

Schnittgrößen

Schnitt I

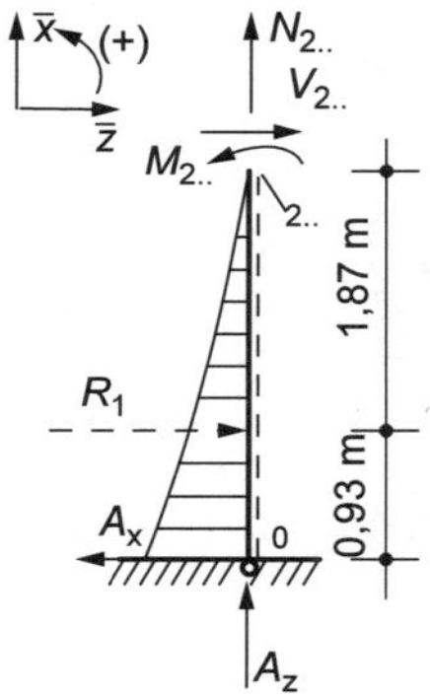

$\Sigma F_{\bar{z}} = 0$: $-A_x + V_{2..} + R_1 = 0$
$V_{2..} = A_x - R_1$
$V_{2..} = -4{,}96$ kN

$\Sigma F_{\bar{x}} = 0$: $A_z + N_{2..} = 0$
$N_{2..} = -A_z$
$N_{2..} = -16{,}39$ kN

$\Sigma M_2 = 0$: $M_{2..} - A_x \cdot 0{,}28 + R_1 \cdot 1{,}87 = 0$
$M_{2..} = -9{,}33$ kNm

Schnitt II

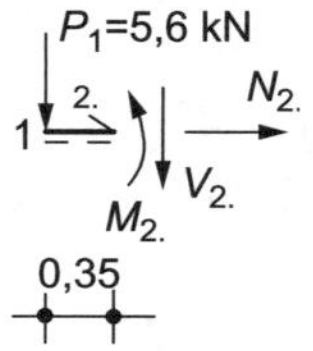

$\Sigma F_z = 0$: $5{,}6 + V_{2.} = 0$
$V_{2.} = -5{,}6$ kN

$\Sigma F_x = 0$: $N_{2.} = 0$

$\Sigma M_2 = 0$: $M_{2.} + 0{,}56 \cdot 0{,}35 = 0$
$M_{2.} = -1{,}96$ kNm

Schnitt III

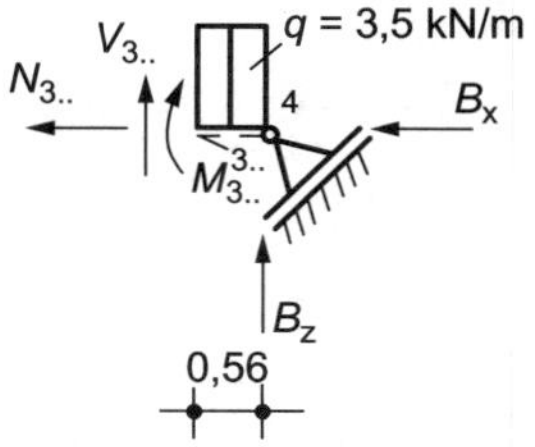

$\Sigma F_z = 0{:}\ -V_{3..} - B_z + 3{,}5 \cdot 0{,}56 = 0$

$V_{3..} = 0{,}29$ kN

$\Sigma F_x = 0{:}\ -N_{3..} - B_x = 0$

$N_{3..} = -B_x$

$N_{3..} = -4{,}96$ kN

$\Sigma M_4 = 0{:}\ -V_{3..} \cdot 0{,}56 - M_{3..} + 3{,}5 \cdot 0{,}56^2/2 = 0$

$M_{3..} = 0{,}39$ kNm

Schnitt IV

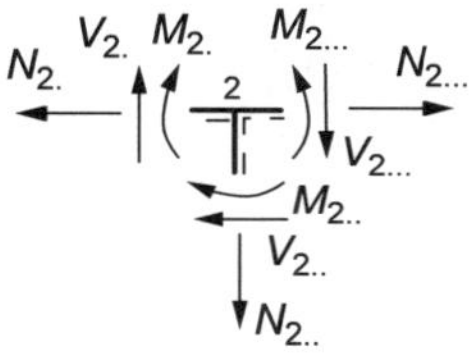

$\Sigma F_z = 0{:}\ -V_{2.} + V_{2...} + N_{2..} = 0$

$V_{2...} = V_{2.} - N_{2..}$

$V_{2...} = 10{,}79$ kN

$\Sigma F_x = 0{:}\ -N_{2.} + N_{2...} - V_{2..} = 0$

$N_{2...} = N_{2.} + V_{2..}$

$N_{2...} = -4{,}96$ kN

$\Sigma M_2 = 0{:}\ -M_{2.} + M_{2...} - M_{2..} = 0$

$M_{2...} = M_{2.} + M_{2..}$

$M_{2...} = -1{,}96 - 9{,}33$

$M_{2...} = -11{,}29$ kNm

Schnitt V

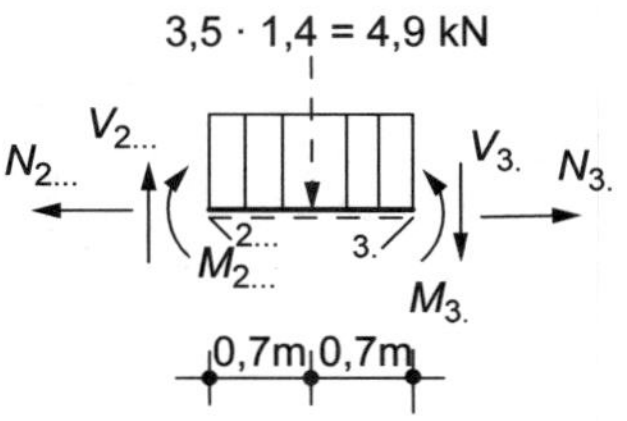

$\Sigma F_z = 0{:}\ -V_{2...} + V_{3.} + 4{,}9 = 0$

$V_{3.} = 5{,}89$ kN

$\Sigma F_x = 0{:}\ -N_{2...} + N_{3.} = 0$

$N_{3.} = -4{,}96$ kN

$\Sigma M_3 = 0{:}\ M_{3.} - M_{2...} - V_{2...} \cdot 1{,}4 + 4{,}9 \cdot 0{,}7 = 0$

$M_{3.} = -11{,}29 + 10{,}79 \cdot 1{,}4 - 3{,}43$

$M_{3.} = 0{,}39$ kNm

Kontrolle

Schnitt VI

$\Sigma M_2 = 0$: $B_z \cdot 1{,}96 - R \cdot 0{,}98 - P_3 \cdot 1{,}4 - M_{2...} = 0$

$M_{2...} = -11{,}29$ kNm

$\Sigma F_z = 0$: $-V_{2...} + R + P_3 - B_z = 0$

$V_{2...} = 10{,}79$ kN

$\Sigma F_x = 0$: $-N_{2...} - B_x = 0$

$N_{2...} = -4{,}96$ kN

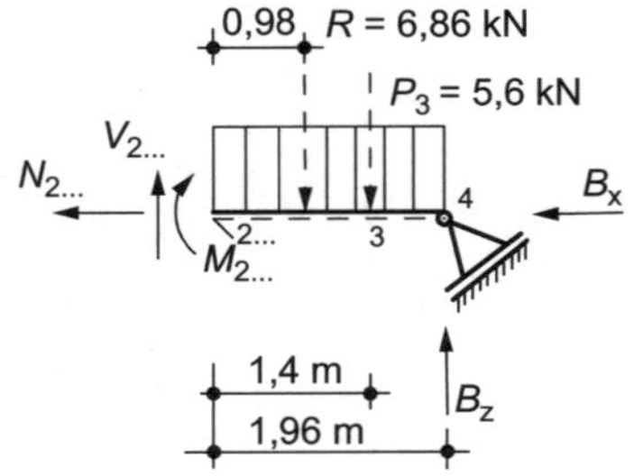

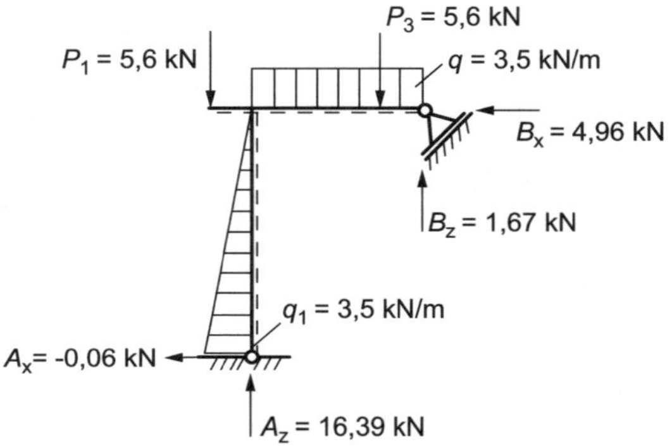

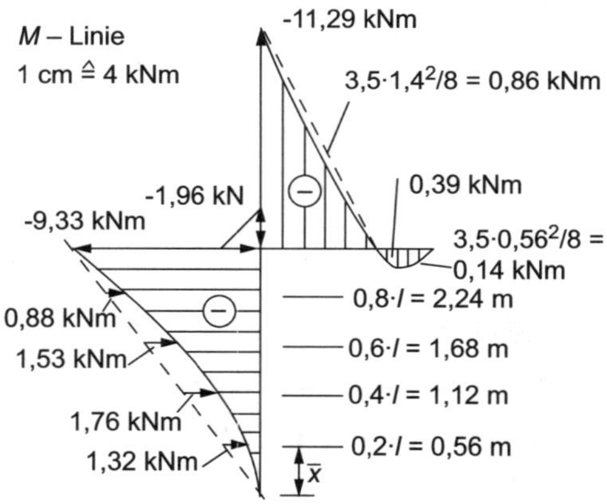

M-Linie im Stiel 1–2

Infolge der Dreieckslast muß eine 3. Grades „eingehängt" werden Die Ordinaten werden mit Hilfe der ω-Zahlen (siehe BAUTABELLEN) ermittelt.

$$M(\overline{x}) = \frac{q_1 \cdot l^2}{6} \cdot \omega_D$$

$$M(\overline{x} = 0{,}2\,l) = \frac{3{,}5 \cdot 2{,}8^2}{6} \cdot 0{,}288 = 4{,}573 \cdot 0{,}288 = 1{,}32 \text{ kNm}$$

$$M(\overline{x} = 0{,}4\,l) \;-4{,}753 \cdot 0{,}384 = 1{,}76 \text{ kNm}$$

$$M(\overline{x} = 0{,}6\,l) \;-4{,}753 \cdot 0{,}336 = 1{,}53 \text{ kNm}$$

$$M(\overline{x} = 0{,}8\,l) \;-4{,}753 \cdot 0{,}192 = 0{,}88 \text{ kNm}$$

V-Linie in Stiel 1–2

Ermittlung mit Hilfe einer Funktionsgleichung

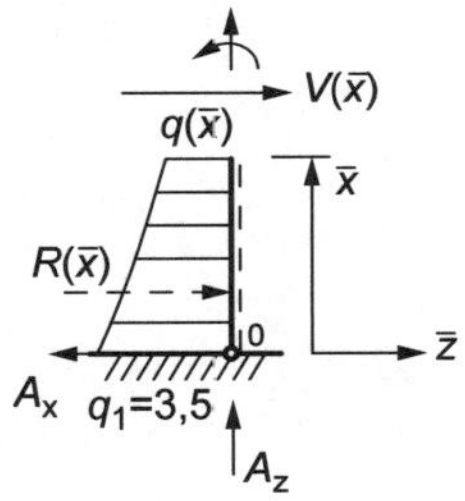

$$\frac{q(\overline{x})}{q_1} = \frac{l - \overline{x}}{l} = \frac{2{,}8 - \overline{x}}{2{,}8}$$

$q(\overline{x}) = (1 - \overline{x}/2{,}8) \cdot q_1$

$R(\overline{x}) = [q_1 + q(\overline{x})] \cdot 0{,}5 \cdot \overline{x}$

$\Sigma F_z = 0{:} \quad V(\overline{x}) + R(\overline{x}) - A_x = 0$

$V(\overline{x}) = A_x - R(\overline{x})$

$= -0{,}6 - R(\overline{x})$

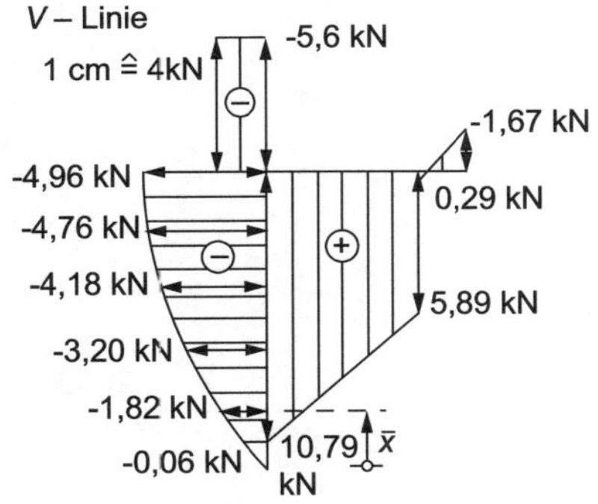

$q(\overline{x} \; - 0{,}2\,l) = (1 - 0{,}2) \cdot 3{,}5$
$= 2{,}8$

$q(\overline{x} = 0{,}4\,l) = (1 - 0{,}4) \cdot 3{,}5$
$= 2{,}1$

$q(\overline{x} = 0{,}6\,l) = (1 - 0{,}6) \cdot 3{,}5$
$= 1{,}40$

$q(\overline{x} = 0{,}8\,l) = (1 - 0{,}8) \cdot 3{,}5$
$= 0{,}70$

$R(\overline{x} = 0{,}2\,l) = (3{,}5 + 2{,}8) \cdot 0{,}5$
$\cdot\, 0{,}56 = 1{,}76$

$R(\overline{x} = 0{,}4\,l) = (3{,}5 + 2{,}1) \cdot 0{,}5$
$\cdot\, 1{,}12 = 3{,}14$

$R(\overline{x} = 0{,}6\,l) = (3{,}5 + 1{,}40) \cdot 0{,}5$
$\cdot\, 1{,}68 = 4{,}12$

$R(\overline{x} = 0{,}8\,l) = (3{,}5 + 0{,}70) \cdot 0{,}5$
$\cdot\, 2{,}24 = 4{,}70$

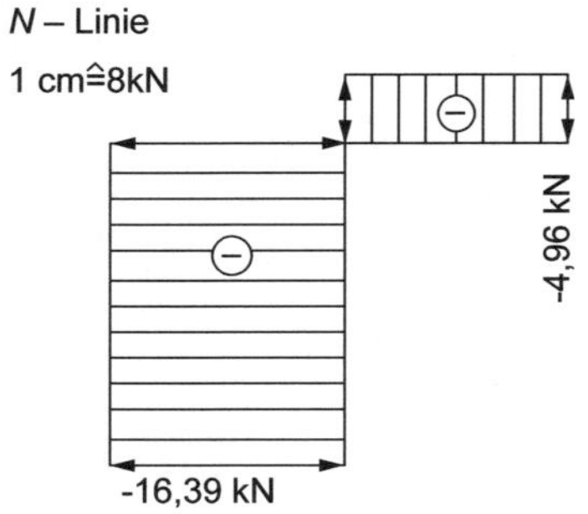

$V(\bar{x} = 0{,}2\, l) = -\,0{,}06 - 1{,}76$
$= -\,1{,}82$ kN
$V(\bar{x} = 0{,}4\, l) = -\,0{,}06 - 3{,}14$
$= -\,3{,}20$ kN
$V(\bar{x} = 0{,}6\, l) = -\,0{,}06 - 4{,}12$
$= -\,4{,}18$ kN
$V(\bar{x} = 0{,}8\, l) = -\,0{,}06 - 4{,}70$
$= -\,4{,}76$ kN

Aufgabe 24

Man ermittle die Auflagerkräfte und die Zustandslinien

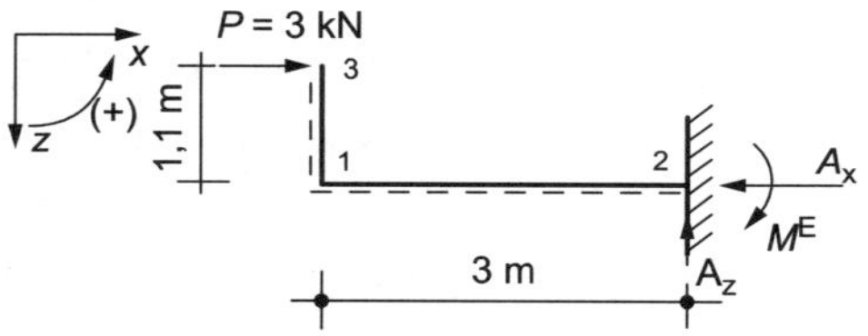

Auflagerreaktionen

$\Sigma F_z = 0$: $\quad A_z = 0$

$\Sigma F_x = 0$: $\quad P - A_x = 0$

$A_x = P$

$A_x = 3$ kN

$\Sigma M_1 = 0$: $-\,P \cdot 1{,}1 + A_z \cdot 3 - M^E = 0$

$M_E = A_z \cdot 3 - P \cdot 1{,}1 = 0 \cdot 3 - 3 \cdot 1{,}1$

$M_E = -\,3{,}3$ kNm

Kontrolle

$\Sigma M_3 = 0$: $-\,M^E + A_z \cdot 3 - A_x \cdot 1{,}1 = 0$

$-\,(-\,3{,}3) + 0 \cdot 3 - 3 \cdot 1{,}1 = 0$

$3{,}3 - 3{,}3 = 0$

$0 = 0$

Schnittgrößen

Schnitt I

$\Sigma F_x = 0: \; -V_{1.} + P = 0$

$V_{1.} = P$

$V_{1.} = 3, \text{kN}$

$\Sigma F_z = 0: \; N_{1.} = 0$

$\Sigma M_{1.} = 0: -P \cdot 1{,}1 + M_{1.} = 0$

$M_{1.} = P \cdot 1{,}1 = 3 \cdot 1{,}1$

$M_{1.} = 3{,}3 \text{ kNm}$

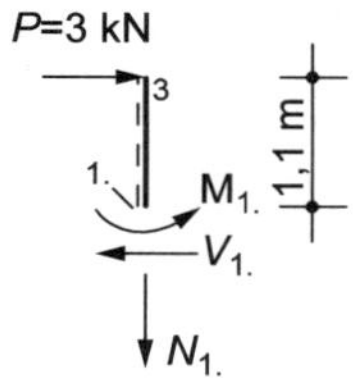

Schnitt II

$\Sigma F_x = 0: \; V_{1.} + N_{1..} = 0$

$N_{1..} = -V_{1.}$

$N_{1..} = -3 \text{ kN}$

$\Sigma F_z = 0: \; -N_{1.} + V_{1..} = 0$

$V_{1..} = N_{1.}$

$V_{1..} = 0$

$\Sigma M_1 = 0: -M_{1.} + M_{1..} = 0$

$M_{1..} = M_{1.}$

$M_{1..} = 3{,}3 \text{ kN}$

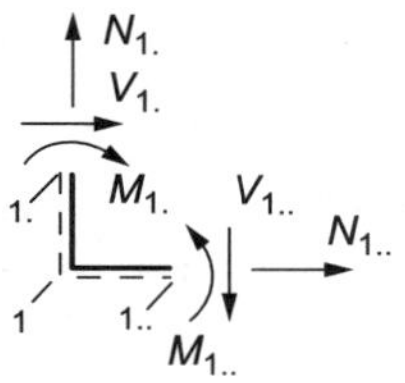

Schnitt III

$\Sigma F_x = 0: \; N_{2.} + P = 0$

$N_{2.} = -P$

$N_{2.} = -3 \text{ kN}$

$\Sigma F_z = 0: \; V_{2.} = 0$

$\Sigma M_2 = 0: \; M_{2.} - P \cdot 1{,}1 = 0$

$M_{2.} = P \cdot 1{,}1 = 3 \cdot 1{,}1$

$M_{2.} = 3{,}3 \text{ kNm}$

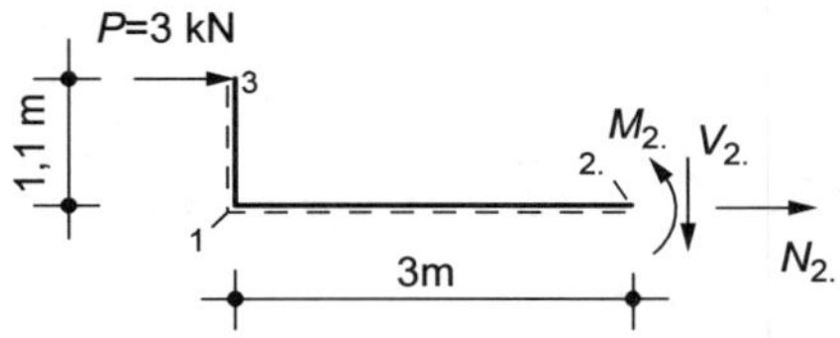

Kontrolle

Schnitt IV

$$\Sigma M_1 = 0: - M_{1..} + M_{2.} - V_{2.} \cdot 3 = 0$$
$$- 3{,}3 + 3{,}3 - 0 \cdot 3 = 0$$
$$0 = 0$$

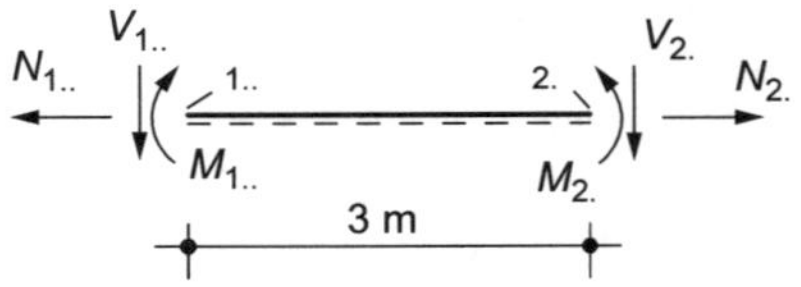

Zustandslinien

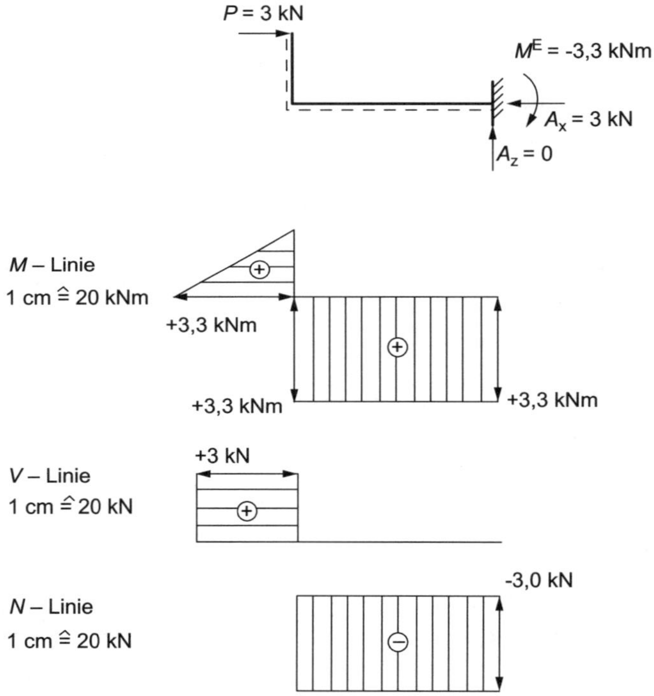

Aufgabe 25

Man ermittle die Auflagerkräfte, die Zustandslinien und die max. Feldmomente

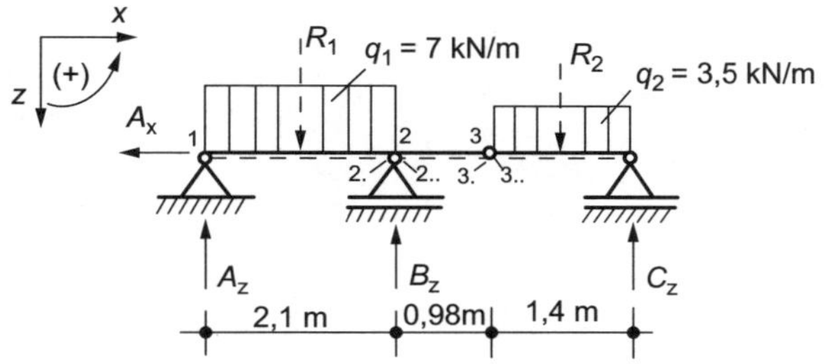

$R_1 = q_1 \cdot l_1 = 7 \cdot 2{,}1$

$R_1 = 14{,}7$ kN

$R_2 = q_2 \cdot l_2 = 3{,}5 \cdot 1{,}4$

$R_2 = 4{,}9$ kN

Auflagerkräfte

Nebenbedingung: $M_3 = 0$

$\Sigma F_x = 0: \quad N_{3..} = 0$

$\Sigma M_4 = 0: \quad -V_{3..} \cdot 1{,}4 + R_2 \cdot 0{,}7 = 0$

$$V_{3..} = \frac{4{,}9 \cdot 0{,}7}{1{,}4}$$

$V_{3..} = 2{,}45$ kN

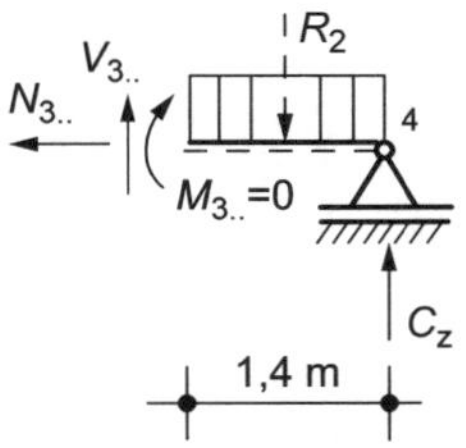

$\Sigma F_z = 0: \quad -V_{3..} + R_2 - C_z = 0$

$C_z = R_2 - V_{3..} = 4{,}9 - 2{,}45$

$C_z = 2{,}45$ kN

Berechnung am Gesamtsystem:

$\Sigma M_1 = 0: -R_1 \cdot 1{,}05 + B_z \cdot 2{,}1 - R_2 \cdot 3{,}78 + C_z \cdot 4{,}48 = 0$

$B_z = (14{,}7 \cdot 1{,}05 + 4{,}9 \cdot 3{,}78 - 2{,}45 \cdot 4{,}48)/2{,}1$

$B_z = 10{,}94\ \text{kN}$

$\Sigma F_z = 0: \quad R_1 + R_2 - A_z - B_z - C_z = 0$

$A_z = 14{,}7 + 4{,}9 - 10{,}94 - 2{,}45$

$A_z = 6{,}21\ \text{kN}$

$\Sigma F_x = 0: \quad A_x = 0$

Kontrolle

$\Sigma M_2 = 0: \quad -A_z \cdot 2{,}1 + R_1 \cdot 1{,}05 - R_2 \cdot 1{,}68 + C_z \cdot 2{,}38 = 0$

$-6{,}21 \cdot 2{,}1 + 14{,}7 \cdot 1{,}05 - 4{,}9 \cdot 1{,}68 + 2{,}45 \cdot 2{,}38 = 0$

$-13{,}04 + 15{,}44 - 8{,}23 + 5{,}83 = 0$

$0 = 0$

Schnittgrößen

Schnitt I

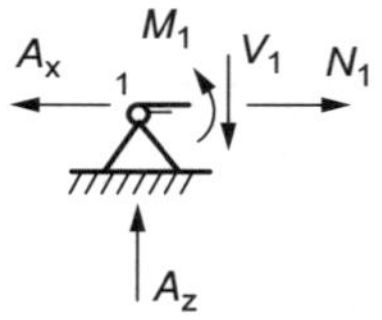

$\Sigma F_x = 0: \quad N_1 - A_x = 0$

$N_1 = A_x$

$N_1 = 0$

$\Sigma F_z = 0: \quad V_1 - A_z = 0$

$V_1 = A_z$

$V_1 = 6{,}21\ \text{kN}$

$\Sigma M_1 = 0: \quad M_1 = 0$

Schnitt II

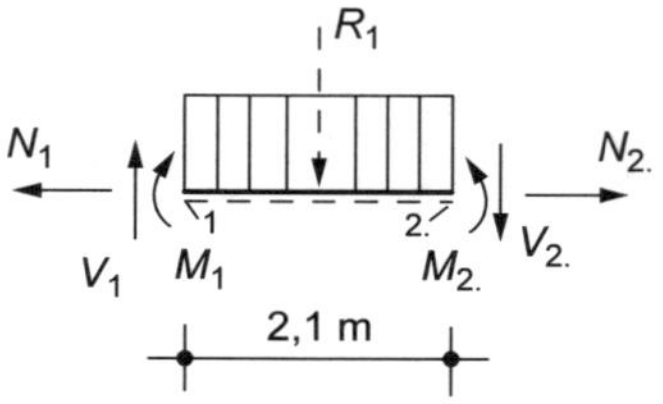

$\Sigma F_x = 0: \quad N_{2.} - N_1 = 0$

$N_{2.} = N_1$

$N_{2.} = 0$

$\Sigma F_z = 0: \quad V_{2.} + R_1 - V_1 = 0$

$V_{2.} = V_1 - R_1 = 6{,}21 - 14{,}7$

$V_{2.} = -8{,}49\ \text{kN}$

$\Sigma M_1 = 0$: $M_{2.} - M_1 - R_1 \cdot 1{,}05 - V_{2.} \cdot 2{,}1 = 0$

$M_1 = 0$

$M_{2.} = 14{,}7 \cdot 1{,}05 - 8{,}49 \cdot 2{,}1$

$M_{2.} = -\,2{,}39$ kNm

Schnitt III

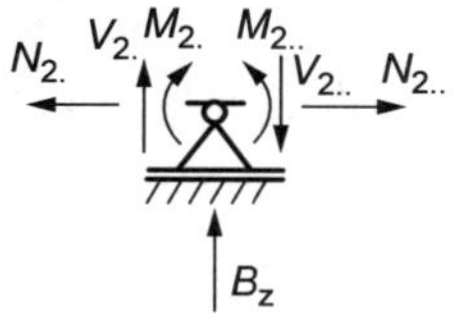

$\Sigma F_x = 0$: $N_{2..} - N_{2.} = 0$

$N_{2..} = N_{2.}$

$N_{2..} = 0$

$\Sigma F_z = 0$: $V_{2..} - B_z - V_{2.} = 0$

$V_{2..} = B_z + V_{2.}$

$V_{2..} = 10{,}94 - 8{,}49$

$V_{2..} = 2{,}45$ kN

$\Sigma M_2 = 0$: $M_{2..} - M_{2.} = 0$

$M_{2..} = M_{2.}$

$M_{2..} = -\,2{,}39$ kNm

Kontrolle

Schnitt IV

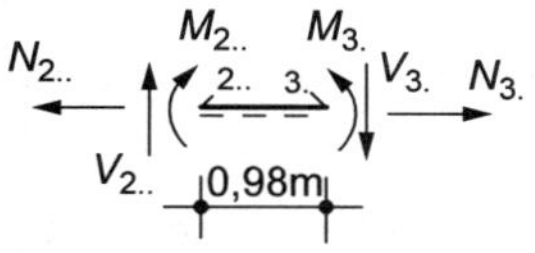

$\Sigma F_x = 0$: $N_{3.} - N_{2..} = 0$

$N_{3.} = N_{2..}$

$N_{3.} = 0$

$\Sigma F_z = 0$: $V_{3.} - V_{2..} = 0$

$V_{3.} = V_{2..}$

$V_{3.} = 2{,}45$ kN

$\Sigma M_2 = 0$: $M_{3.} - M_{2..} - V_{3.} \cdot 0{,}98 = 0$

$M_{3.} = -\,2{,}39 + 2{,}45 \cdot 0{,}98$

$M_{3.} = 0$ (Kontrolle)

Schnitt V

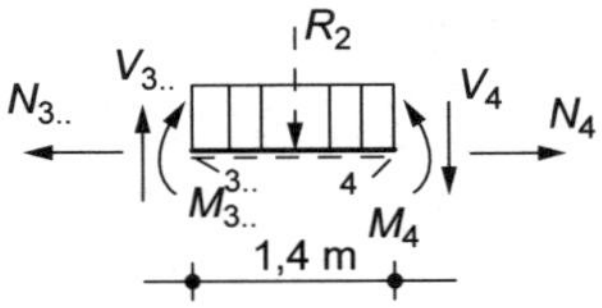

$\Sigma F_x = 0$: $N_4 - N_{3..} = 0$

$N_4 = N_{3..}$

$N_4 = 0$

$\Sigma F_z = 0$: $V_4 - V_{3..} + R_2 = 0$

$V_4 = V_{3..} - R_2 = 2{,}45 - 4{,}9$

$V_4 = -2{,}45$ kN

$\Sigma M_3 = 0$: $M_4 - M_{3..} - V_4 \cdot 1{,}4 - R_2 \cdot 0{,}7 = 0$

$M_4 = M_{3..} + V_4 \cdot 1{,}4 + R_2 \cdot 0{,}7$

$M_4 = 0 + 3{,}43 - 3{,}43$

$M_4 = 0$ (Kontrolle)

max. Feldmomente

Feld 1:

$$\max M_1 = \frac{A_z^2}{2q} = \frac{6{,}21^2}{2 \cdot 7} = \frac{38{,}56}{14}$$

$\max M_1 = 2{,}75$ kNm

$$x_n = \frac{6{,}21}{7} = 0{,}89\,\text{m}$$

Feld 2 :

$$\max M_2 = \frac{C_z^2}{2q} = \frac{2{,}45^2}{2 \cdot 3{,}5} = \frac{6{,}00}{7{,}0}$$

$\max M_2 = 0{,}86$ kNm

bzw.

$$\max M_2 = \frac{q \cdot l^2}{8} = \frac{3{,}5 \cdot 1{,}4^2}{8} = 0{,}86\text{ kNm}$$

Zustandslinien

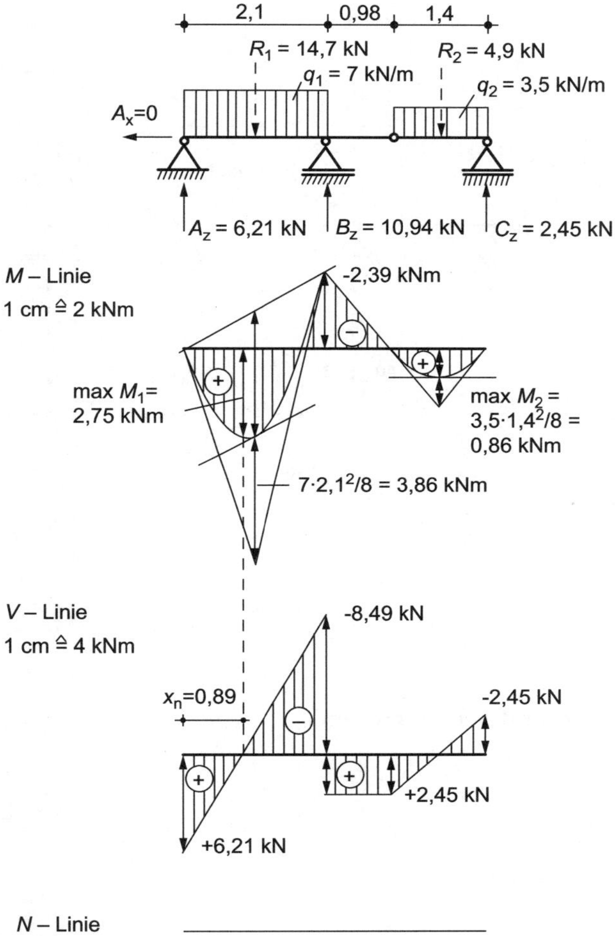

Aufgabe 26

Man ermittle die Zustandslinien

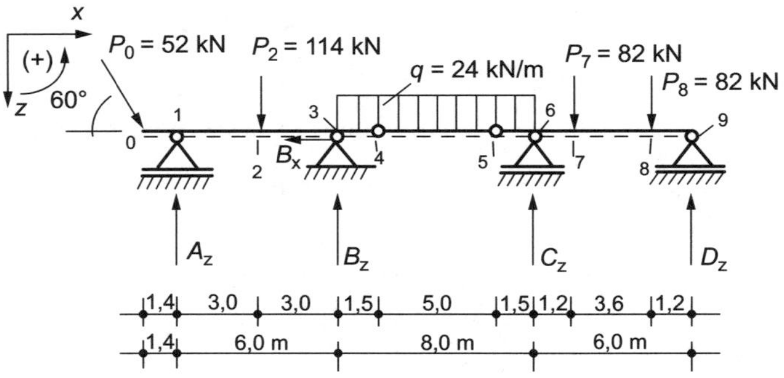

Kraftzerlegung

$P_{0z} = P_0 \cdot \sin 60° = 52 \cdot \sin 60°$

$P_{0z} = 45$ kN

$P_{0x} = P_0 \cdot \cos 60° = 52 \cdot \cos 60°$

$P_{0x} = 26$ kN

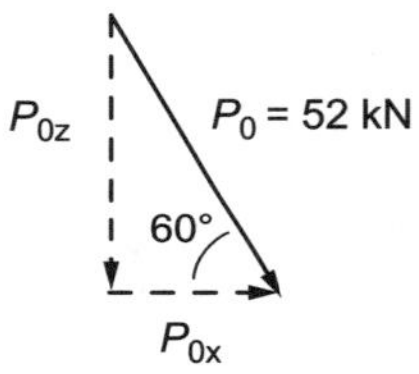

Auflagerreaktionen und Schnittgrößen

Gesamtsystem

$\Sigma F_x = 0: \quad P_{0x} - B_x = 0$

$B_x = P_{0x}$

$B_x = 26$ kN

Schnitt I

$\Sigma M_4 = 0: - q \cdot 5 \cdot 5 \cdot 0{,}5 - V_{5.} \cdot 5 = 0$

$V_{5.} = \frac{1}{5} \cdot (-24 \cdot 5^2 \cdot 0{,}5)$

$V_{5.} = -60$ kN

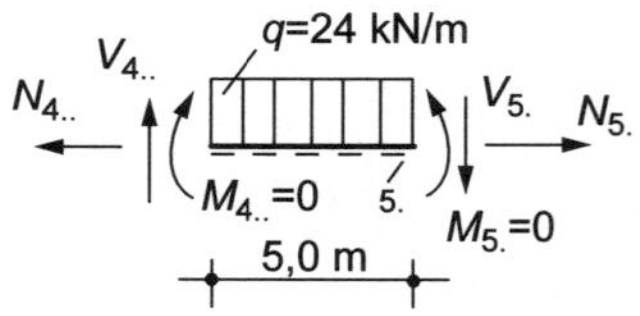

$\Sigma F_z = 0: \quad - V_{4..} + q \cdot 5 + V_{5.} = 0$

$V_{4..} = V_{5.} + q \cdot 5 = -60 + 24 \cdot 5$

$V_{4..} = 60$ kN

$\Sigma F_x = 0: \quad N_{4..} = N_{5.} = 0$ (da $N_{5..} = 0$: vgl. Schnitt II und $N_{5.} = N_{5..}$)

Schnitt II

(Hinweis $V_{5..} = V_{5.}$)

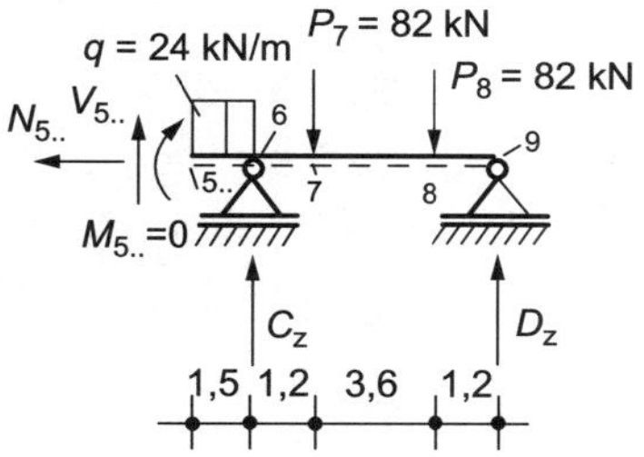

$$\Sigma M_9 = 0{:}\ - V_{5..} \cdot 7{,}5 + q \cdot 1{,}5 \cdot 6{,}75 - C_z \cdot 6 + P_7 \cdot 4{,}8 + P_8 \cdot 1{,}2 = 0$$

$$C_z = \frac{1}{6} \cdot (- V_{5..} \cdot 7{,}5 + q \cdot 1{,}5 \cdot 6{,}75 + P_7 \cdot 4{,}8 + P_8 \cdot 1{,}2)$$

$$C_z = \frac{1}{6} \cdot (60 \cdot 7{,}5 + 24 \cdot 1{,}5 \cdot 6{,}75 + 82 \cdot 6)$$

$$C_z = 197{,}5 \text{ kN}$$

$$\Sigma F_z = 0{:}\quad - V_{5..} + q \cdot 1{,}5 - C_z + P_7 + P_8 - D_z = 0$$

$$D_z = - V_{5..} + q \cdot 1{,}5 - C_z + P_7 + P_8$$

$$D_z = 60 + 24 \cdot 1{,}5 - 197{,}5 + 2 \cdot 82$$

$$D_z = 62{,}5 \text{ kN}$$

$$\Sigma F_x = 0{:}\quad N_{5..} = 0$$

Schnitt III

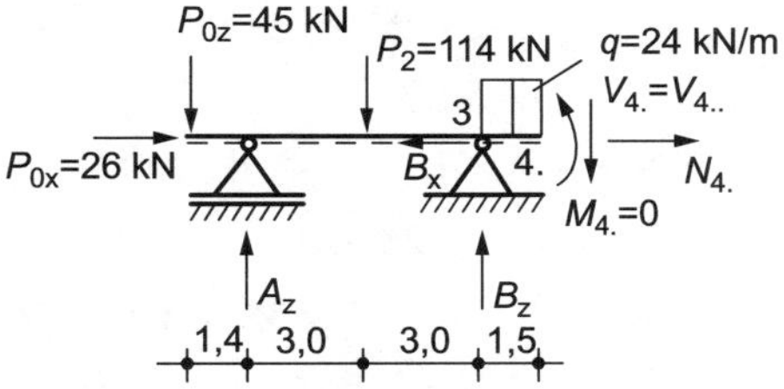

$$\Sigma M_3 = 0{:}\ - V_{4.} \cdot 1{,}5 - q \cdot 1{,}5 \cdot 1{,}5 \cdot 0{,}5 + P_2 \cdot 3 - A_z \cdot 6 + P_{0z} \cdot 7{,}4 = 0$$

$$A_z = \frac{1}{6} \cdot (- V_{4.} \cdot 1{,}5 - q \cdot 1{,}5^2 \cdot 0{,}5 + P_2 \cdot 3 + P_{0z} \cdot 7{,}4)$$

$$A_z = \frac{1}{6} \cdot (-60 \cdot 1{,}5 - 24 \cdot 1{,}5^2 \cdot 0{,}5 + 114 \cdot 3 + 45 \cdot 7{,}4)$$

$$A_z = 93{,}0 \text{ kN}$$

$\Sigma F_2 = 0$: $\quad P_{0z} - A_z + P_2 - B_z + q \cdot 1{,}5 + V_{4.} = 0$

$$B_z = P_{0z} - A_z + P_2 + q \cdot 1{,}5 + V_4$$

$$B_z = 45 - 93{,}0 + 114 + 24 \cdot 1{,}5 + 60$$

$$B_z = 162{,}0 \text{ kN}$$

Schnitt IV

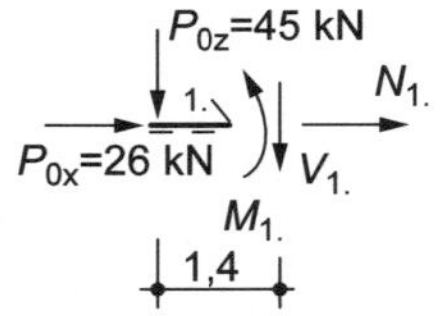

$\Sigma F_z = 0$: $\quad P_{0z} + V_{1.} = 0$

$$V_{1.} = -P_{0z}$$

$$V_{1.} = -45{,}0 \text{ kN}$$

$\Sigma F_x = 0$: $\quad P_{0x} + N_{1.} = 0$

$$N_{1.} = -P_{0x}$$

$$N_{1.} = -26{,}0 \text{ kN}$$

$\Sigma M_1 = 0$: $\quad P_{0z} \cdot 1{,}4 + M_{1.} = 0$

$$M_{1.} = -P_{0z} \cdot 1{,}4 = -45 \cdot 1{,}4$$

$$M_{1.} = -63{,}0 \text{ kNm}$$

Schnitt V

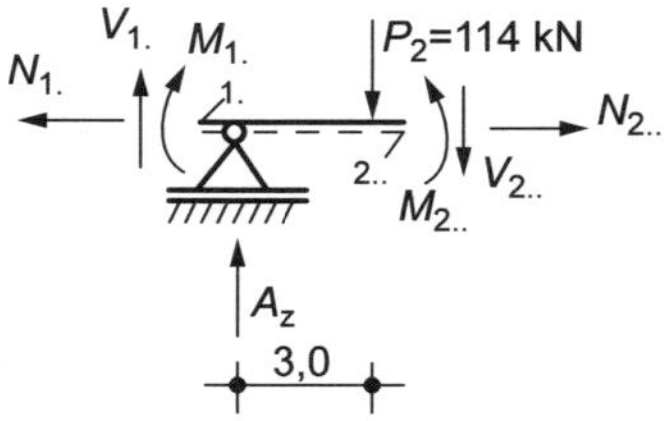

$\Sigma F_z = 0$: $\quad -V_{1.} - A_z + P_2 + V_{2..} = 0$

$$V_{2..} = V_{1.} + A_z - P_2$$

$$V_{2..} = -45{,}0 + 93{,}0 - 114$$

$$V_{2..} = -66{,}0 \text{ kN}$$

$\Sigma F_x = 0$: $\quad -N_{1.} + N_{2..} = 0$

$$N_{2..} = N_{1.} = -26{,}0 \text{ kN}$$

$\Sigma M_2 = 0$: $\quad -V_{1.} \cdot 3{,}0 - M_{1.} - A_z \cdot 3{,}0 + M_{2..} = 0$

$$M_{2..} = -45{,}0 \cdot 3{,}0 - 63{,}0 + 93{,}0 \cdot 3{,}0$$

$$M_{2..} = 81 \text{ kNm}$$

Schnitt VI

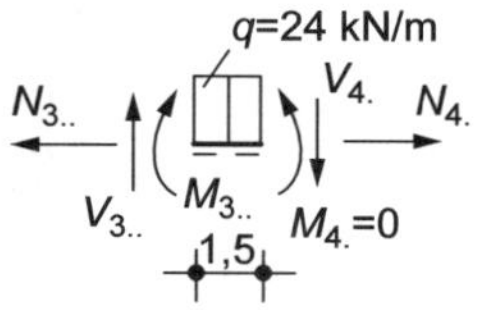

$$\Sigma F_z = 0: \; -V_{3..} + q \cdot 1{,}5 + V_{4.} = 0$$
$$V_{3..} = q \cdot 1{,}5 + V_{4.}$$
$$V_{3..} = 24 \cdot 1{,}5 + 60$$
$$V_{3..} = 96{,}0 \text{ kN}$$
$$\Sigma F_x = 0: \; -N_{3..} + N_{4.} = 0$$
$$N_{3..} = N_{4.}$$
$N_{3..} = 0$, da $N_{4.} = N_{4..} = 0$ (vgl. Schnitt I)
$$\Sigma M_3 = 0: \; -M_{3..} - q \cdot 1{,}5 \cdot 1{,}5 \cdot 0{,}5 - V_{4.} \cdot 1{,}5 = 0$$
$$M_{3..} = -q \cdot 1{,}5^2 \cdot 0{,}5 - V_{4.} \cdot 1{,}5$$
$$M_{3..} = -24 \cdot 1{,}5^2 \cdot 0{,}5 - 60 \cdot 1{,}5$$
$$M_{3..} = -117{,}0 \text{ kNm}$$

Schnitt VII

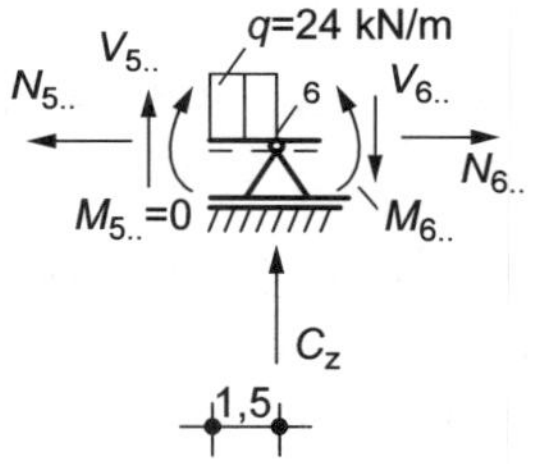

$$\Sigma F_z = 0: \; -V_{5..} + q \cdot 1{,}5 - C_z + V_{6..} = 0$$
$$V_{6..} = V_{5..} - q \cdot 1{,}5 + C_z$$
$$V_{6..} = -60 - 24 \cdot 1{,}5 + 197{,}5$$
$$V_{6..} = 101{,}5 \text{ kN}$$
$$\Sigma F_x = 0: \; N_{6..} - N_{5..} = 0$$
$$N_{6..} = N_{5..}$$
$N_{6..} = 0$ (vgl. Schnitt II)
$$\Sigma M_6 = 0: \; -V_{5..} \cdot 1{,}5 + q \cdot 1{,}5 \cdot 1{,}5 \cdot 0{,}5 + M_{6..} = 0$$
$$M_{6..} = V_{5..} \cdot 1{,}5 - q \cdot 1{,}5^2 \cdot 0{,}5$$
$$M_{6..} = -60 \cdot 1{,}5 - 24 \cdot 1{,}5^2 \cdot 0{,}5$$
$$M_{6..} = -117{,}0 \text{ kNm}$$

Schnitt VIII

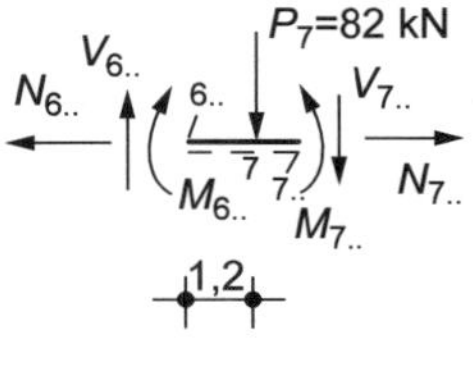

$$\Sigma F_z = 0: \; -V_{6..} + P_7 + V_{7..} = 0$$
$$V_{7..} = V_{6..} - P_7$$
$$V_{7..} = 101{,}5 - 82$$
$$V_{7..} = 19{,}5 \text{ kN}$$
$$\Sigma F_x = 0: \; N_{7..} - N_{6..} = 0$$

$$N_{7..} = N_{6..}$$
$$N_{7..} = 0, \text{ da } N_{6..} = 0 \text{ (s.o.)}$$
$$\Sigma M_7 = 0: - M_{6..} - V_{6..} \cdot 1{,}2 + M_{7..} = 0$$
$$M_{7..} = M_{6..} + V_{6..} \cdot 1{,}2$$
$$M_{7..} = -117 + 101{,}5 \cdot 1{,}2$$
$$M_{7..} = 4{,}8 \text{ kNm}$$

Schnitt IX

$$\Sigma F_z = 0: \; - V_{8..} - D_z = 0$$
$$V_{8..} = - D_z$$
$$V_{8..} = - 62{,}50 \text{ kN}$$
$$\Sigma F_x = 0: \quad N_{8..} = 0$$
$$\Sigma M_8 = 0: - V_{8..} \cdot 1{,}2 - M_{8..} = 0$$
$$M_{8..} = - V_{8..} \cdot 1{,}2$$
$$M_{8..} = 62{,}5 \cdot 1{,}2$$
$$M_{8..} = 75{,}0 \text{ kNm}$$

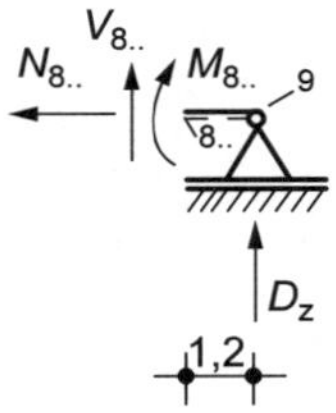

Kontrolle der Auflagerkräfte

Gesamtsystem:

$$\Sigma M_3 = 0: \quad P_{0z} \cdot 7{,}4 - A_z \cdot 6 + P_2 \cdot 3 - q \cdot 8 \cdot 4 + C_z \cdot 8 - P_7 \cdot 9{,}2$$
$$- P_8 \cdot 12{,}8 + D_z \cdot 14 = 0$$
$$A_z = \frac{1}{6}(45 \cdot 7{,}4 + 114 \cdot 3 - 24 \cdot 32 + 197{,}5 \cdot 8$$
$$- 82 \cdot 9{,}2 - 82 \cdot 12{,}8 + 62{,}5 \cdot 14)$$
$$A_z = 93{,}0 \text{ kN}$$

Zustandslinien

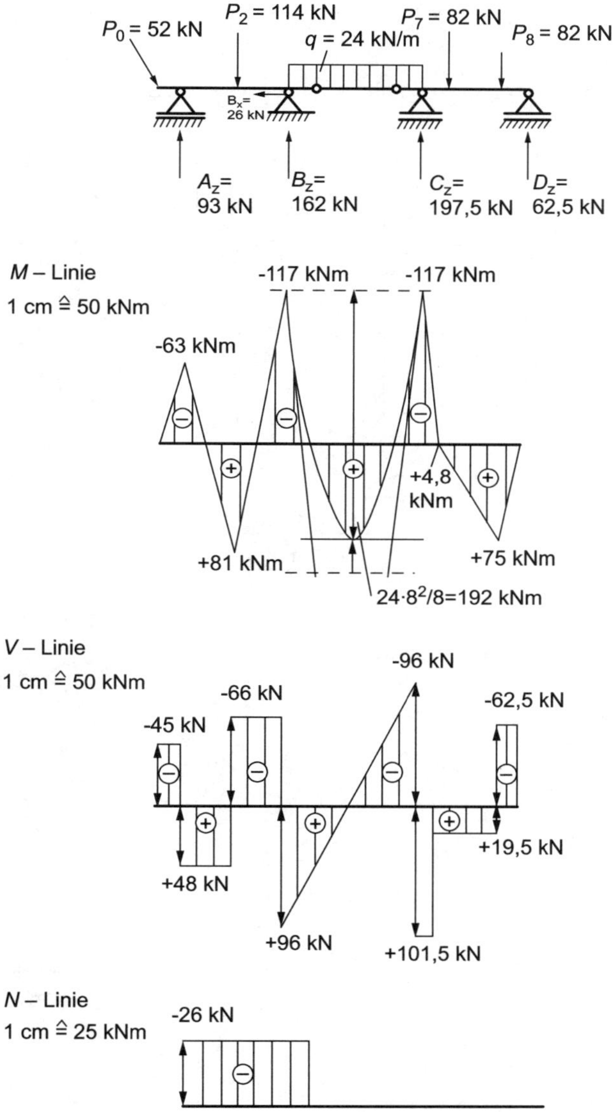

Aufgabe 27

Man ermittle die Schnittgrößen, Zustandslinien und max M

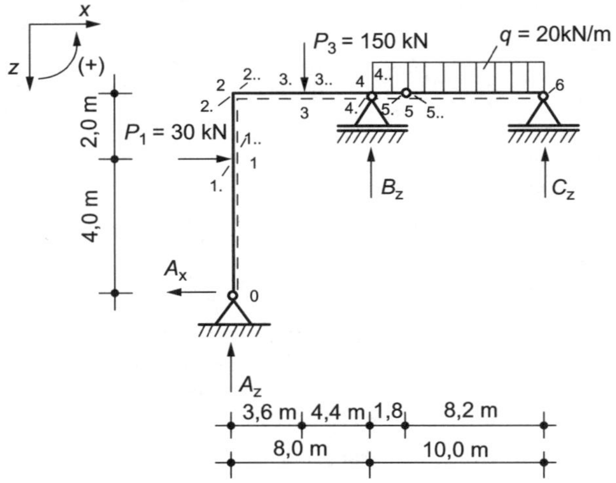

Auflagerreaktionen und Schnittgrößen

$$\Sigma F_x = 0: \quad -A_x + P_1 = 0$$

$$A_x = P_1$$

$$A_x = 30{,}0 \text{ kN}$$

Schnitt I

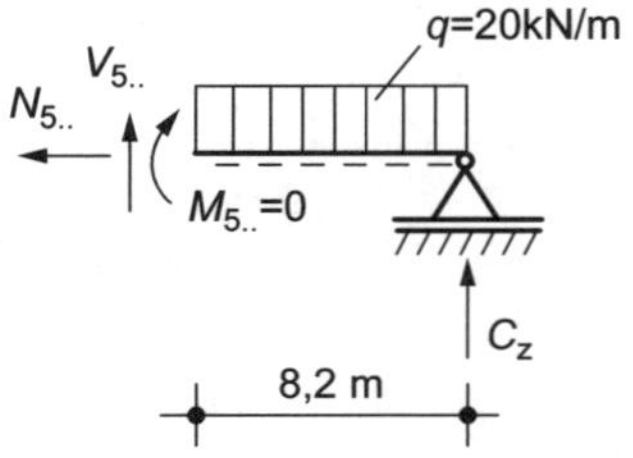

$$\Sigma M_5 = 0: \quad C_z \cdot 8{,}2 - q \cdot 8.2 \cdot 8{,}2 \cdot 0{,}5 = 0$$

$$C_z = \frac{1}{8{,}2} \cdot 20 \cdot 8{,}2^2 \cdot 0{,}5$$

$$C_z = 82{,}0 \text{ kN}$$

$$\Sigma F_z = 0: \quad -V_{5..} + q \cdot 8{,}2 - C_z = 0$$

$$V_{5..} = q \cdot 8{,}2 - C_z$$

$$V_{5..} = 20 \cdot 8{,}2 - 82{,}0$$

$$V_{5..} = 82{,}0 \text{ kN}$$

$$\Sigma F_x = 0: \quad N_{5..} = 0$$

Schnitt II

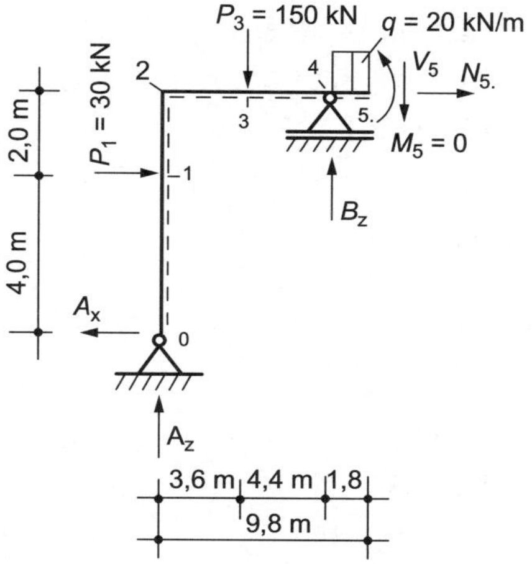

$$\Sigma M_1 = 0{:}\ -\ P_1 \cdot 4 - P_3 \cdot 3{,}6 + B_z \cdot 8 - q \cdot 1{,}8 \cdot 8{,}9 - V_{5.} \cdot 9{,}8 = 0$$

$$B_z = \frac{1}{8} \cdot (P_1 \cdot 4 + P_3 \cdot 3{,}6 + q \cdot 1{,}8 \cdot 8{,}9 + V_{5.} \cdot 9{,}8)$$

$$B_z = \frac{1}{8} \cdot (30 \cdot 4 + 150 \cdot 3{,}6 + 20 \cdot 1{,}8 \cdot 8{,}9 + 82 \cdot 9{,}8)$$

$$B_z = 223{,}0 \text{ kNm}$$

$$\Sigma F_x = 0{:}\ -\ A_x + P_1 + N_{5.} = 0$$

$$N_{5.} = A_x - P_1 = 30 - 30$$

$$N_{5.} = 0$$

$$\Sigma F_z = 0{:}\ -\ A_z + P_3 - B_z + q \cdot 1{,}8 + V_{5.} = 0$$

$$A_z = P_3 - B_z + q \cdot 1{,}8 + V_{5.}$$

$$A_z = 150 - 223 + 20 \cdot 1{,}8 + 82$$

$$A_z = 45{,}0 \text{ kN}$$

Schnitt III

$$\Sigma M_4 = 0{:}\ -\ M_{4..} - q \cdot 1{,}8 \cdot 1{,}8 \cdot 0{,}5 - V_{5.} \cdot 1{,}8 = 0$$

$$M_{4..} = -q \cdot 1{,}8^2 \cdot 0{,}5 - V_{5.} \cdot 1{,}8$$

$$M_{4..} = -20 \cdot 1{,}8^2 \cdot 0{,}5 - 82 \cdot 1{,}8$$

$$M_{4..} = -180{,}0 \text{ kNm}$$

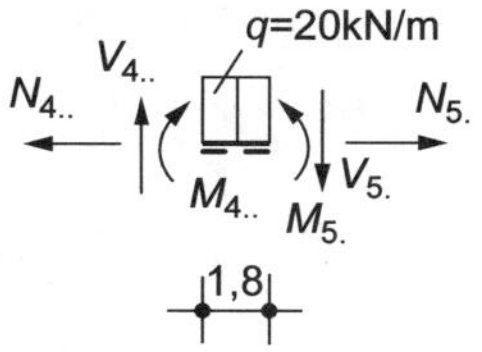

$\Sigma F_z = 0{:}\ -\ V_{4..} + q \cdot 1{,}8 + V_{5.} = 0$

$V_{4..} = q \cdot 1{,}8 + V_{5.}$

$V_{4..} = 20 \cdot 1{,}8 + 82$

$V_{4..} = 118{,}0\ \text{kN}$

$\Sigma F_x = 0{:}\ -\ N_{4..} - N_{5.} = 0$

$N_{4..} = N_{5.}$

$N_{4..} = 0$

Schnitt IV

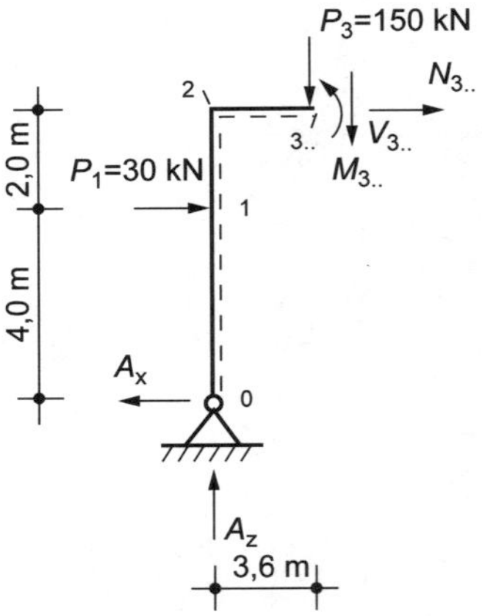

$\Sigma F_z = 0{:}\ -\ A_z + P_3 + V_{3..} = 0$

$V_{3..} = A_z - P_3$

$V_{3..} = 45 - 150$

$V_{3..} = -\ 105{,}0\ \text{kN}$

$\Sigma M_0 = 0{:} -\ P_1 \cdot 4 - P_3 \cdot 3{,}6 - V_{3..} \cdot 3{,}6 + M_{3..} = 0$

$M_{3..} = P_1 \cdot 4 + P_3 \cdot 3{,}6 + V_{3..} \cdot 3{,}6$

$M_{3..} = 30 \cdot 4 + 150 \cdot 3{,}6 - 105 \cdot 3{,}6$

$M_{3..} = 282{,}0\ \text{kNm}$

$\Sigma F_x = 0{:}\quad P_1 - A_x + N_{3..} = 0$

$N_{3..} = A_x - P_1 = 30 - 30$

$N_{3..} = 0$

Schnitt V

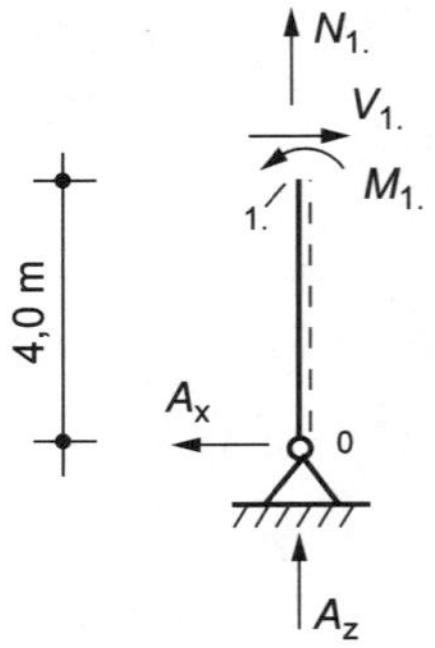

$\Sigma F_z = 0{:}\quad -\ A_z - N_{1.} = 0$

$N_{1.} = -\ A_z$

$N_{1.} = -\ 45\ \text{kN}$

$\Sigma F_x = 0{:}\ -\ A_x + V_{1.} = 0$

$V_{1.} = A_x$

$V_{1.} = 30{,}0\ \text{kN}$

$\Sigma M_1 = 0{:} -\ A_x \cdot 4 + M_{1.} = 0$

$M_{1.} = A_x \cdot 4 = 30 \cdot 4$

$M_{1.} = 120{,}0\ \text{kNm}$

Schnitt VI

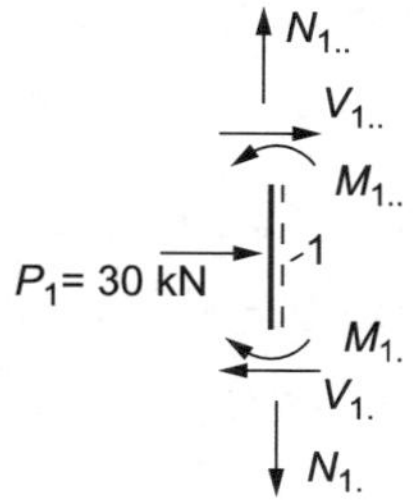

$\Sigma F_x = 0{:}\ -V_{1.} + P_1 + V_{1..} = 0$

$V_{1..} = -P_1 + V_1 = -30 + 30$

$V_{1..} = 0$

$\Sigma F_z = 0{:}\quad N_{1..} = N_{1.} = -45{,}0\ \text{kN}$

$\Sigma M_1 = 0{:}\quad M_{1..} = M_{1.} = 120{,}0\ \text{kNm}$

da $V_{1..} = 0$, folgt

$M_{2.} = M_{1..} = 120{,}0\ \text{kNm}$

Schnitt VII

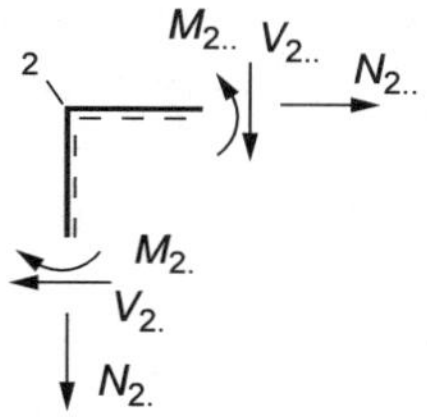

$\Sigma M_2 = 0{:}\ -M_{2.} + M_{2..} = 0$

$M_{2..} = M_{2.}$

$M_{2..} = 120{,}0\ \text{kNm}$

$\Sigma F_x = 0{:}\ -V_{2.} + N_{2..} = 0$

$N_{2..} = V_{2.}$

$N_{2..} = 0$

$\Sigma F_z = 0{:}\quad N_{2.} + V_{2..} = 0$

$V_{2..} = -N_{2.}$

$V_{2..} = 45{,}0\ \text{kN}$

Ermittlung des *V*-Nulldurchgangs und von max *M* zwischen den Stellen 4 und 6

$x_n = 8 + |V_{4..}|/q = 8 + 118/20$

$x_n = 13{,}90\ \text{m}$

Querkraftnulldurchgang und damit auch max *M* liegt im Feld 4–6.

$$\max M = \frac{V_{4..}^2}{2q} + M_{4..}$$

$$\max M = \frac{118^2}{2 \cdot 20} - 180 = 168{,}1\ \text{kNm}$$

bzw.

$$\max M = \frac{C_z^2}{2q} = \frac{82^2}{2 \cdot 20} = 168{,}1 \text{ kNm}$$

Kontrolle der Auflagerrekreationen

$$\Sigma M_2 = 0{:}\; - A_x \cdot 6 + P_1 \cdot 2 - P_3 \cdot 3{,}6 + B_z \cdot 8 - q \cdot 10 \cdot 13 + C_z \cdot 18 = 0$$

$$- 30 \cdot 6 + 30 \cdot 2 - 150 \cdot 3{,}6 + 223 \cdot 8 - 20 \cdot 130 + 82 \cdot 18 = 0$$

$$0 = 0$$

Zustandslinien

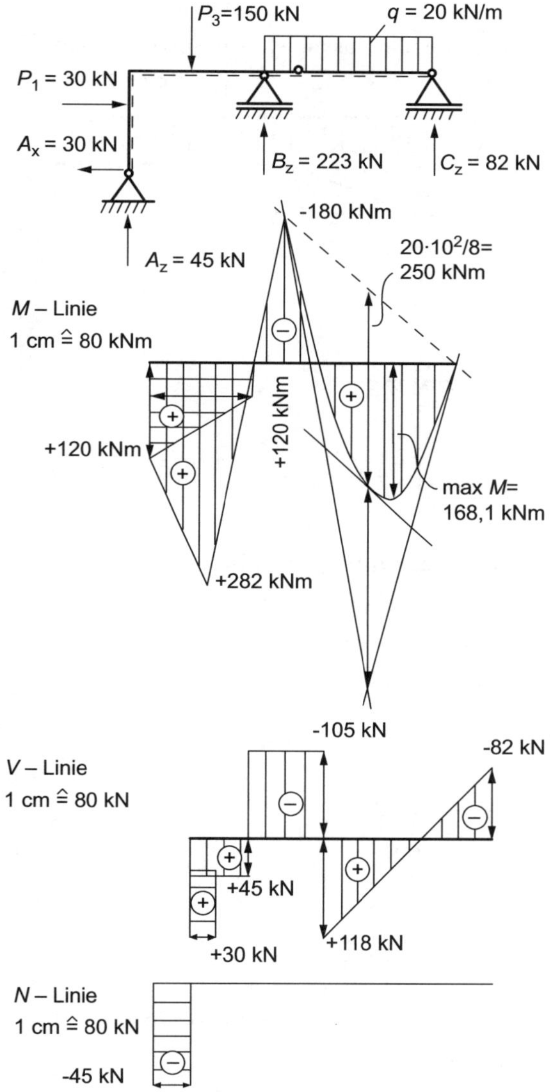

Aufgabe 28

Man ermittle die Auflagerkräfte, die Zustandslinien sowie die max. Feldmomente

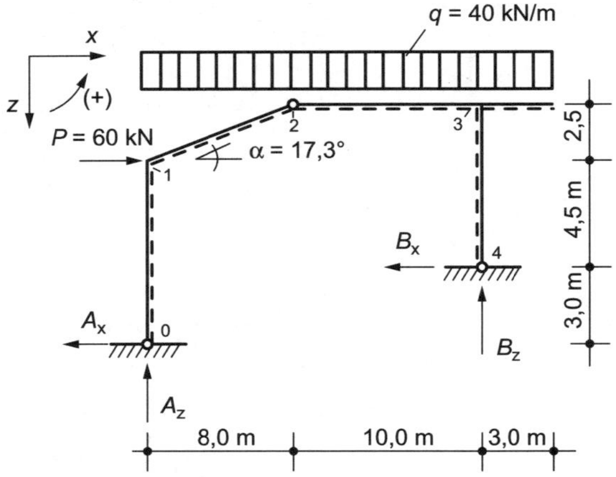

Gleichungen zur Ermittlung der Auflagerkräfte

Gesamtsystem

$$\Sigma M_0 = 0: \quad B_z \cdot 18 + B_x \cdot 3 - 40 \cdot 21^2/2 - 60 \cdot 7{,}5 = 0$$

$$3\,B_x + 18\,B_z = 9270 \qquad (1)$$

$$\Sigma F_z = 0: \quad -A_z - B_z + 40 \cdot 21 = 0$$

$$-A_z - B_z = -840 \qquad (2)$$

$$\Sigma F_x = 0: \quad -A_x - B_x + 60 = 0$$

$$-A_x - B_x = -60 \qquad (3)$$

Nebenbedingung:

Schnitt I

$$\Sigma M_2 = 0: -A_z \cdot 8 - A_x \cdot 10 + 60 \cdot 2{,}5 + 40 \cdot 8^2/2 = 0$$

$$-10\,A_x - 8\,A_z = -1430 \qquad (4)$$

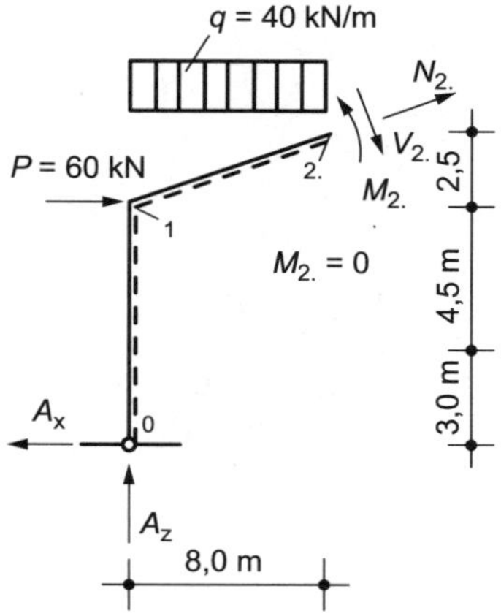

Lösung des Gleichungssystems, Gln. (1) bis (4):

$A_z = 359,0$ kN

$A_x = -\ 144,2$ kN

$B_z = 481,0$ kN

$B_x = 204,2$ kN

Kontrolle der Auflagerkräfte

$$\Sigma M_4 = 0{:} -\ A_z \cdot 18,0 - A_x \cdot 3,0 - P \cdot 4,5 + q \cdot 21,0 \cdot 7,5 = 0$$

$$A_z = \frac{1}{18}\,[-\,(-\,144,2 \cdot 3,0) - 60 \cdot 4,5 + 40 \cdot 157,5]$$

$$A_z = 359,0 \text{ kN}$$

Schnitt II

$$\Sigma F_z = 0{:}\quad -\ B_z - N_{3..} = 0$$

$$N_{3..} = -\ B_z$$

$$N_{3..} = -\ 481,0 \text{ kN}$$

$$\Sigma F_x = 0{:}\quad -\ B_x + V_{3..} = 0$$

$$V_{3..} = B_x$$

$$V_{3..} = 204,2 \text{ kN}$$

$$\Sigma M_3 = 0{:} -\ M_{3..} - B_x \cdot 7,0 = 0$$

$$M_{3..} = -\ 204,2 \cdot 7,0$$

$$M_{3..} = -\ 1429,4 \text{ kNm}$$

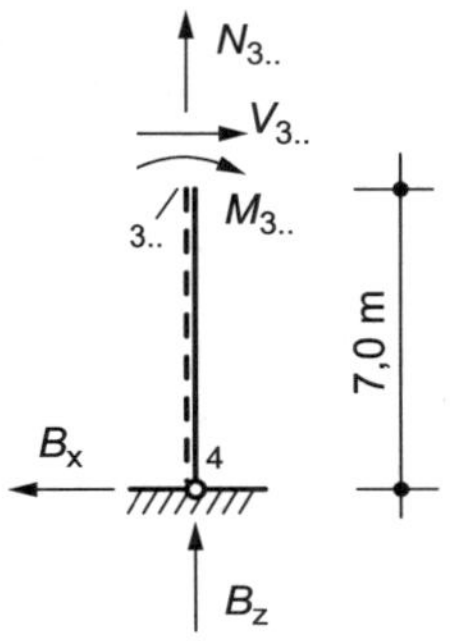

Schnitt III

$$\Sigma F_z = 0{:}\quad -V_{3...} + q \cdot 3 = 0$$
$$V_{3...} = q \cdot 3 = 40 \cdot 3$$
$$V_{3...} = 120{,}0 \text{ kN}$$
$$\Sigma F_x = 0{:}\quad N_{3...} = 0$$
$$\Sigma M_3 = 0{:} -M_{3...} - q \cdot 3^2 \cdot 0{,}5 = 0$$
$$M_{3...} = -q \cdot 9 \cdot 0{,}5 = -40 \cdot 4{,}5$$
$$M_{3...} = -180{,}0 \text{ kNm}$$

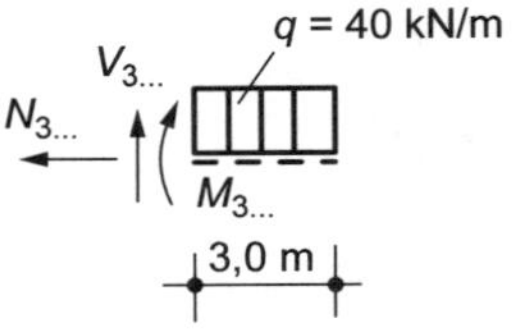

Schnitt IV

$$\Sigma F_x = 0{:}\quad -N_{3.} - V_{3..} + N_{3...} = 0$$
$$N_{3.} = -V_{3..} + N_{3...}$$
$$N_{3.} = -204{,}2 + 0$$
$$N_{3.} = -204{,}2 \text{ kN}$$
$$\Sigma F_z = 0{:}\quad -V_{3.} + N_{3..} + V_{3...} = 0$$
$$V_{3.} = N_{3..} + V_{3...}$$
$$V_{3.} = -481{,}0 + 120{,}0$$
$$V_{3.} = -361{,}0 \text{ kN}$$
$$\Sigma M_3 = 0{:} -M_{3.} + M_{3..} + M_{3...} = 0$$
$$M_{3.} = M_{3..} + M_{3...}$$
$$M_{3.} = -1429{,}4 - 180$$
$$M_{3.} = -1609{,}4 \text{ kN}$$

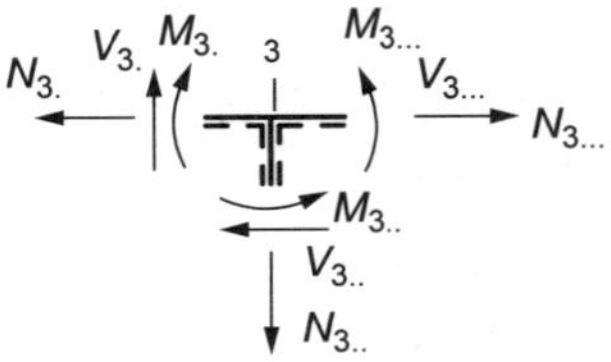

Ermittlung der Schnittgrößen an der Stelle 2.. durch Rekursion.

$$V_{2..} = V_{3.} + q \cdot 10$$
$$V_{2..} = -361 + 40 \cdot 10$$
$$V_{2..} = 39{,}0 \text{ kN}$$
$$N_{2..} = N_{3.}$$
$$N_{2..} = -204{,}2 \text{ kN}$$

Schnitt I (siehe Auflagerkräfte)

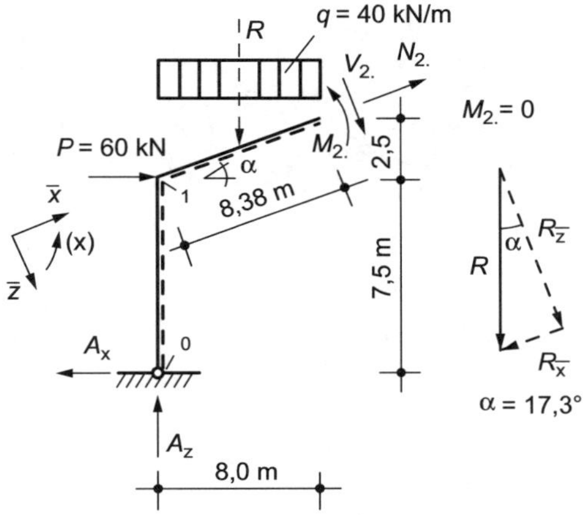

$$R = q \cdot 8 = 40 \cdot 8 = 320 \text{ kN}$$

$$\alpha = \arctan(2{,}5/8)$$

$$\alpha = 17{,}3°$$

$$l = \sqrt{2{,}5^2 + 8^2} = 8{,}38 \text{ m}$$

$$R_{\bar{x}} = R \cdot \sin\alpha = 320 \cdot \sin 17{,}3° = 95{,}4 \text{ kN}$$

$$R_{\bar{z}} = R \cdot \cos\alpha = 320 \cdot \cos 17{,}3° = 305{,}5 \text{ kN}$$

$$\Sigma M_1 = 0\text{:} -V_{2.} \cdot 8{,}38 - R_{\bar{z}} \cdot 8{,}38/2 - A_x \cdot 7{,}5 = 0$$

$$V_{2.} = \frac{1}{8{,}38} \cdot (-R_{\bar{z}} \cdot 8{,}38/2 - A_x \cdot 7{,}5)$$

$$V_{2.} = \frac{1}{8{,}38} \cdot (-305{,}4 \cdot 8{,}38/2 + 144{,}2 \cdot 7{,}5)$$

$$V_{2.} = -23{,}7 \text{ kN}$$

Bestimmung von $N_{2.}$ auf graphischen Wege bei gleichzeitiger Kontrolle von $V_{2.}$:

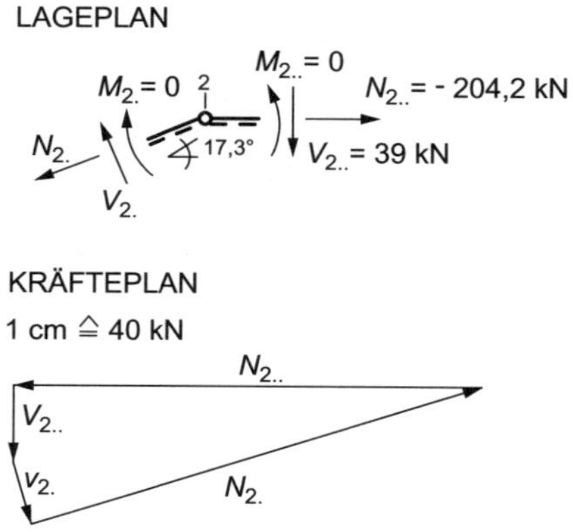

Aus Krafteck

$$N_{2.} = -206{,}5 \text{ kN}$$

$$V_{2.} = -23{,}7 \text{ kN}$$

Schnitt V

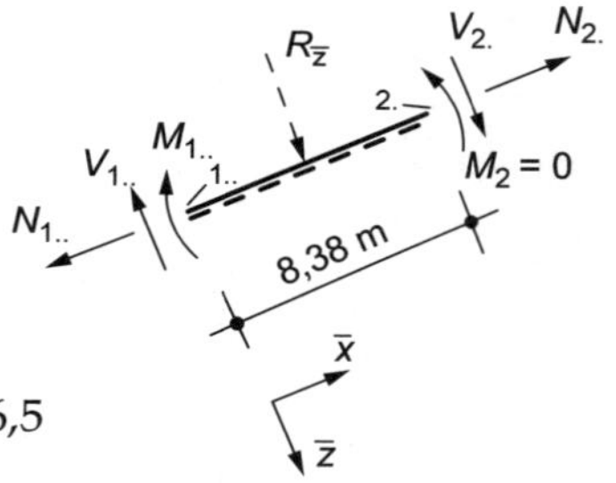

$\Sigma F_{\bar{z}} = 0$: $-V_{1..} + R_{\bar{z}} + V_{2.} = 0$

$$V_{1..} = R_{\bar{z}} + V_{2.} = 305{,}5 - 23{,}7$$

$$V_{1..} = 281{,}8 \text{ kN}$$

$\Sigma F_{\bar{x}} = 0$: $-N_{1..} - R_{\bar{x}} + N_{2.} = 0$

$$N_{1..} = -R_{\bar{x}} + N_{2.} = -95{,}4 - 206{,}5$$

$$N_{1..} = -301{,}9 \text{ kN}$$

$\Sigma M_1 = 0$: $-M_{1..} - R_{\bar{z}} \cdot 8{,}38/2 - V_{2.} \cdot 8{,}38 = 0$

$$M_{1..} = -R_{\bar{z}} \cdot 8{,}38/2 - V_{2.} \cdot 8{,}38$$

$$M_{1..} = -305{,}5 \cdot 8{,}38/2 + 23{,}7 \cdot 8{,}38$$

$$M_{1..} = -1081{,}4 \text{ kNm}$$

Schnitt VI

$\Sigma F_z = 0$: $-A_z - N_{1.} = 0$

$N_{1.} = -A_z$

$N_{1.} = -359{,}0$ kN

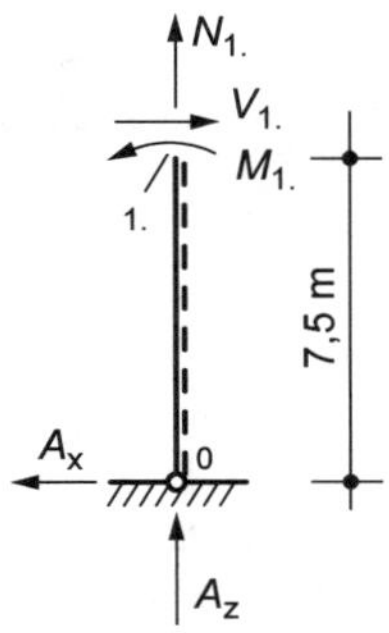

$\Sigma F_x = 0$: $-A_x + V_{1.} = 0$

$V_{1.} = A_x$

$V_{1.} = -144{,}2$ kN

$\Sigma M_1 = 0$: $M_{1.} - A_x \cdot 7{,}5 = 0$

$M_{1.} = A_x \cdot 7{,}5 = -144{,}2 \cdot 7{,}5$

$M_{1.} = -1081{,}5$ kNm

Ermittlung der *V*-Nulldurchgänge und max *M*

Bereich 1-2 (Schnitt V)

$$q_{\bar{z}} = \frac{R_{\bar{z}}}{8{,}38} = \frac{305{,}5}{8{,}38} = 36{,}46 \text{ kN/m}$$

$$\bar{x}_n' = \frac{|V_{2.}|}{q_{\bar{z}}} = \frac{23{,}7}{36{,}5} = 0{,}65 \text{ m}$$

(von Punkt 2 aus gemessen)

max $M_{1\text{-}2} = |V_{2.}| \cdot \bar{x}_n'/2 = 23{,}7 \cdot 0{,}65/2$

max $M_{1\text{-}2} = 7{,}70$ kNm

Bereich 2–3

$x_n = V_{2..}/q = 39/40$

$x_n = 0{,}975$ m (von 2 aus gemessen!)

max $M_{2\text{-}3} = V_{2..} \cdot x_n/2 = 39 \cdot 0{,}975/2$

max $M_{2\text{-}3} = 19{,}0$ kNm

Zustandslinien

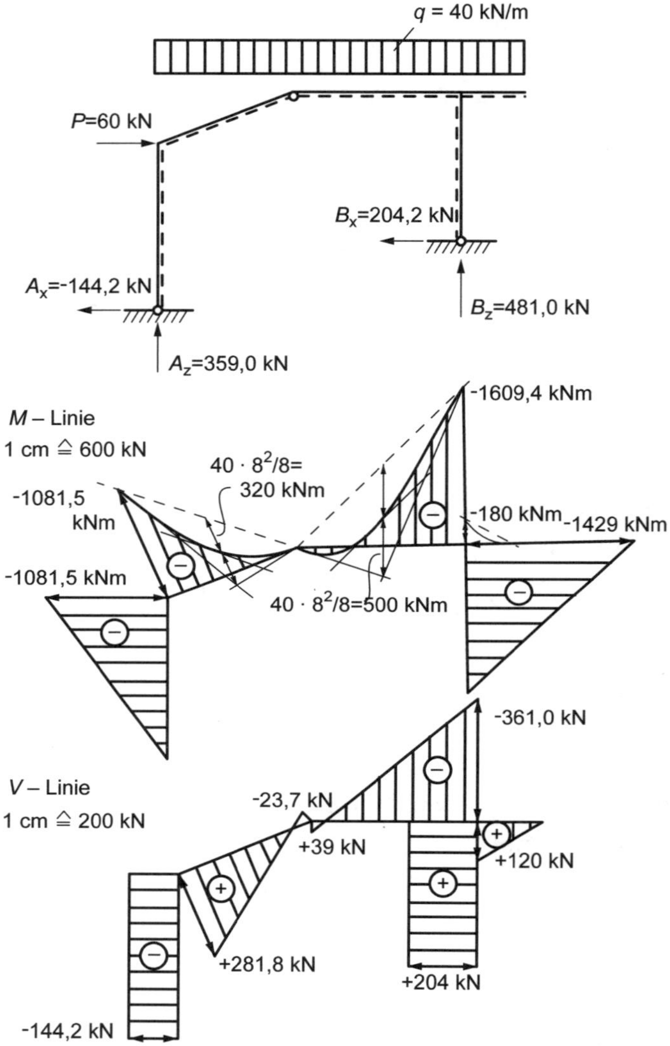

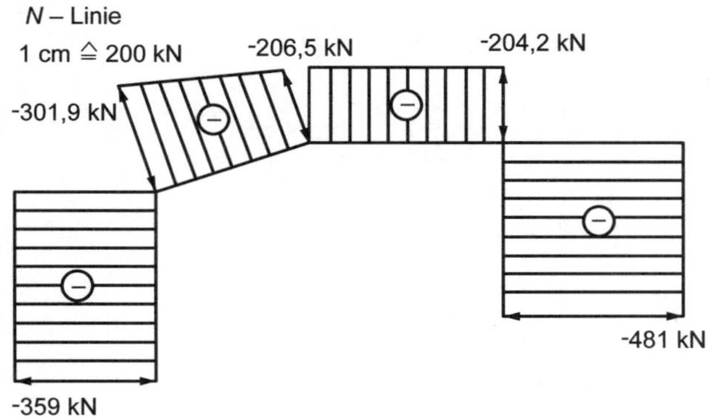

Aufgabe 29

Man ermittle die Zustandslinien sowie max M im Riegel

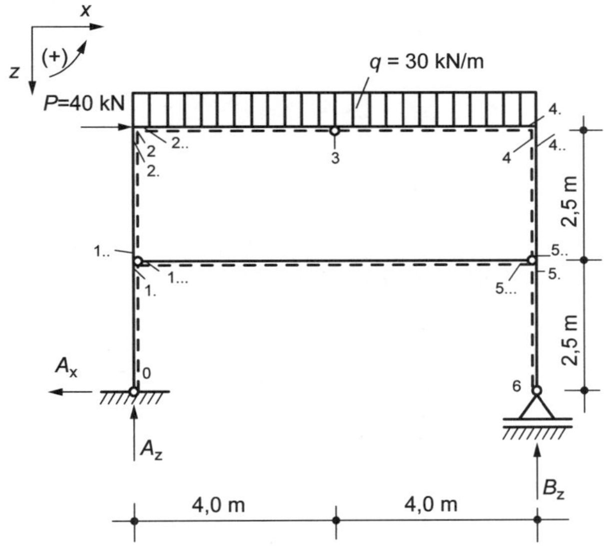

Auflagerkräfte

$$\Sigma M_6 = 0: - A_z \cdot 8 - P \cdot 5 + q \cdot l^2 \cdot 0{,}5 = 0$$

$$A_z = \frac{1}{8} \cdot (- P \cdot 5 + q \cdot l^2 \cdot 0{,}5)$$

$$A_z = \frac{1}{8} \cdot (-40 \cdot 5 + 30 \cdot 64 \cdot 0{,}5)$$

$$A_z = 95{,}0 \text{ kN}$$

$\Sigma M_0 = 0$: $\quad B_z \cdot 8 - q \cdot l^2 \cdot 0{,}5 - P \cdot 5 = 0$

$$B_z = \frac{1}{8} \cdot (q \cdot l^2 \cdot 0{,}5 + P \cdot 5)$$

$$B_z = \frac{1}{8} \cdot (30 \cdot 64 \cdot 0{,}5 + 40 \cdot 5)$$

$$B_z = 145{,}0 \text{ kN}$$

$\Sigma F_x = 0$: $\quad P - A_x = 0$

$$A_x = P$$

$$A_x = 40 \text{ kN}$$

Kontrolle

$\Sigma F_z = 0$: $\quad -A_z - B_z + 30 \cdot 8 = 0$

$$-95{,}0 - 145{,}0 + 240 = 0$$

$$0 = 0$$

Schnittgrößen

Schnitt I

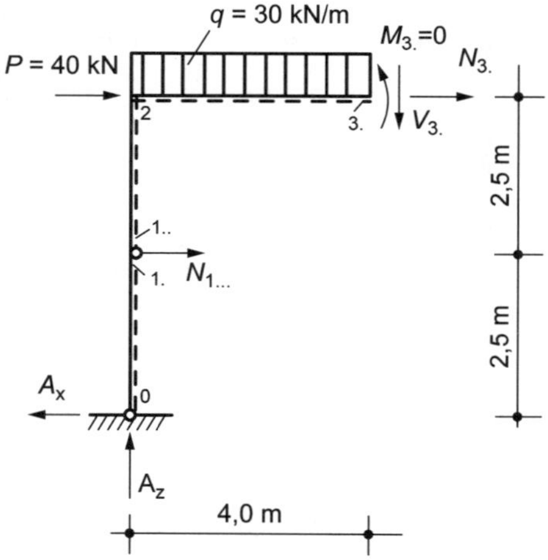

$\Sigma M_3 = 0: - A_z \cdot 4 - A_x \cdot 5 + q \cdot 4^2 \cdot 0{,}5 + N_{1...} \cdot 2{,}5 = 0$

$$N_{1...} = \frac{1}{2{,}5} \cdot (A_z \cdot 4 + A_x \cdot 5 - q \cdot 8)$$

$$N_{1...} = \frac{1}{2{,}5} \cdot (95 \cdot 4 + 40 \cdot 5 - 30 \cdot 8)$$

$$N_{1...} = 136{,}0 \text{ kN}$$

$\Sigma F_x = 0: \quad - A_x + N_{1...} + N_{3.} + P = 0$

$$N_{3.} = A_x - N_{1...} - P$$
$$N_{3.} = 40 - 136 - 40$$
$$N_{3.} = - 136{,}0 \text{ kN}$$

$\Sigma F_z = 0: \quad - A_z + q \cdot 4 + V_{3.} = 0$

$$V_{3.} = A_z - q \cdot 4$$
$$V_{3.} = 95 - 30 \cdot 4$$
$$V_{3.} = - 25{,}0 \text{ kN}$$

Schnitt II

$\Sigma F_x = 0: \quad - A_x + N_{1...} + V_{2.} = 0$

$$V_{2.} = A_x - N_{1...}$$
$$V_{2.} = 40 - 136$$
$$V_{2.} = - 96{,}0 \text{ kN}$$

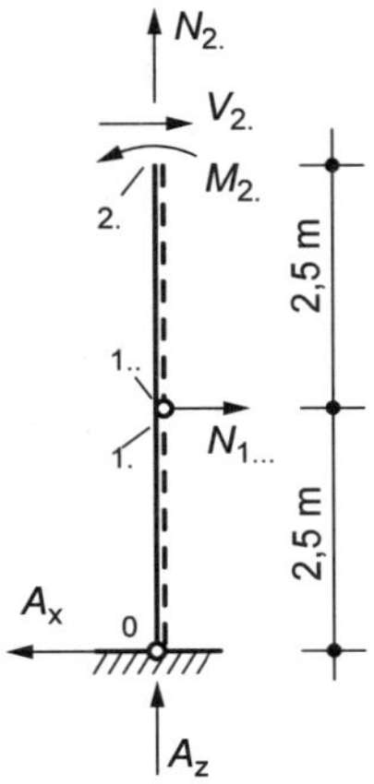

$\Sigma F_z = 0: \quad - A_z - N_{2.} = 0$

$$N_{2.} = - A_z$$
$$N_{2.} = - 95{,}0 \text{ kN}$$

$\Sigma M_2 = 0: \quad M_{2.} - A_x \cdot 5 + N_{1...} \cdot 2{,}5 = 0$

$$M_{2.} = A_x \cdot 5 - N_{1...} \cdot 2{,}5$$
$$M_{2.} = 40 \cdot 5 - 136 \cdot 2{,}5$$
$$M_{2.} = - 140{,}0 \text{ kN}$$

Schnitt III

$\Sigma F_x = 0: \quad -A_x + V_{1.} = 0$

$V_{1.} = A_x$

$V_{1.} = 40{,}0 \text{ kN}$

$\Sigma F_z = 0: \quad -A_z - N_{1.} = 0$

$N_{1.} = -A_z$

$N_{1.} = -95{,}0 \text{ kN}$

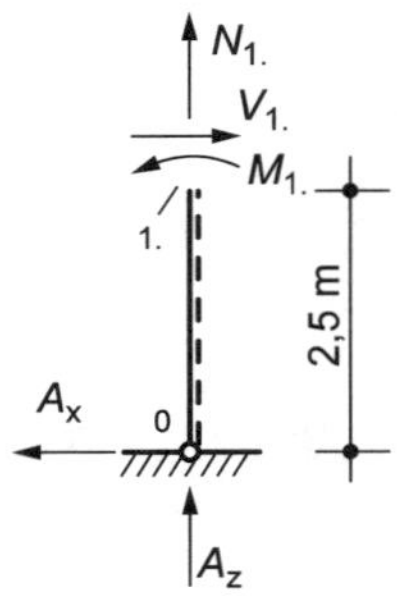

$\Sigma M_1 = 0: \quad M_{1.} - A_x \cdot 2{,}5 = 0$

$M_{1.} = A_x \cdot 2{,}5$

$M_{1.} = 40 \cdot 2{,}5$

$M_{1.} = 100 \text{ kNm}$

Schnitt IV

$\Sigma M_2 = 0: \quad M_{2..} = M_{2.} = -140{,}0 \text{ kNm}$

$\Sigma F_x = 0: \quad -V_{2.} + P + N_{2..} = 0$

$N_{2..} = V_{2.} - \text{P}$

$N_{2..} = -96 - 40$

$N_{2..} = -136{,}0 \text{ kN}$

$\Sigma F_z = 0: \quad N_{2.} + V_{2..} = 0$

$V_{2..} = -N_{2.}$

$V_{2..} = 95{,}0 \text{ kN}$

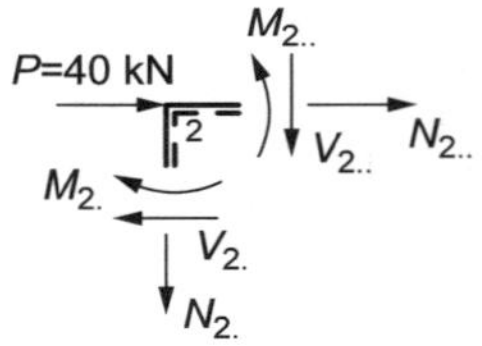

Schnitt V

$\Sigma F_z = 0{:}\quad -B_z - N_{4..} = 0$

$N_{4..} = -B_z$

$N_{4..} = -145{,}0\ \text{kN}$

$\Sigma F_x = 0{:}\quad -N_{5...} + V_{4..} = 0$

$V_{4..} = N_{5...}$

$V_{4..} = 136{,}0\ \text{kN}$

$\Sigma M_4 = 0{:} - M_{4..} - N_{5...} \cdot 2{,}5 = 0$

$M_{4..} = -N_{5...} \cdot 2{,}5$

$M_{4..} = -136 \cdot 2{,}5$

$M_{4..} = -340{,}0\ \text{kNm}$

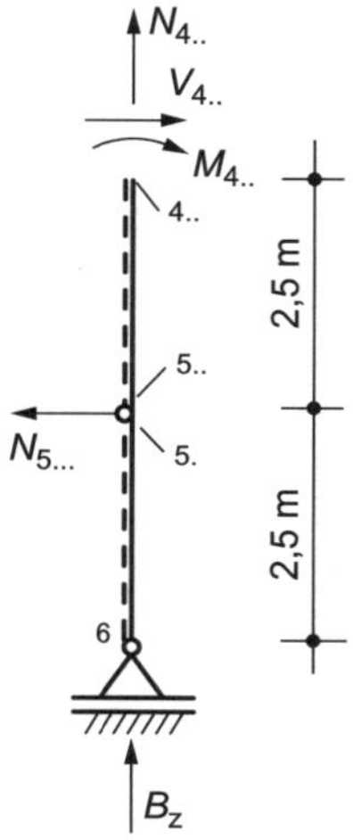

Schnitt VI

$\Sigma F_z = 0{:}\quad V_{5.} = 0$

$\Sigma M_5 = 0{:}\quad M_{5.} = 0$

$\Sigma F_z = 0{:}\quad N_{5.} = -B_z = -145{,}0\ \text{kN}$

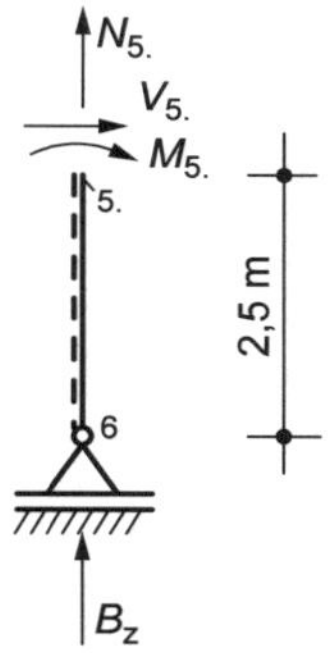

Schnitt VII

$\Sigma M_4 = 0{:}\quad M_{4.} = M_{4..} = -340{,}0\ \text{kNm}$

$\Sigma F_x = 0{:}\quad -N_{4.} - V_{4..} = 0$

$N_{4.} = -V_{4..}$

$N_{4.} = -136{,}0\ \text{kN}$

$\Sigma F_z = 0{:}\quad -V_{4.} + N_{4..} = 0$

$V_{4.} = N_{4..}$

$V_{4.} = -145{,}0\ \text{kN}$

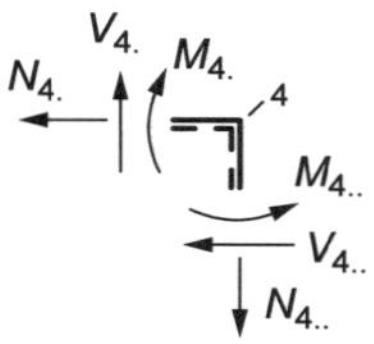

Ermittlung des Querkraftnullpunktes und max M zwischen den Stellen 2 und 4:

$x_n = V_{2..}/q$

$x_n = 95/30$

$x_n = 3{,}167$ m

max $M = V_{2..} \cdot x_n/2 + M_{2..}$

max $M = 95 \cdot 3{,}167/2 + (-140)$

max $M = 10{,}4$ kNm

Kontrolle

$$\max M = \frac{V_{4.}^2}{2q} + M_{4.} = \frac{145^2}{2 \cdot 30} + (-340)$$

max $M = 10{,}4$ kNm

Zustandslinien

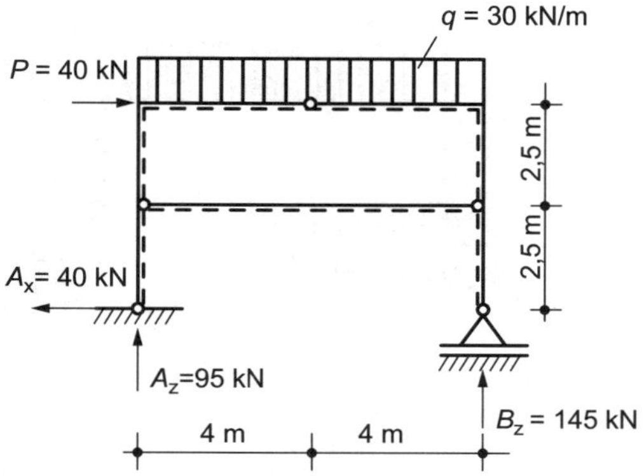

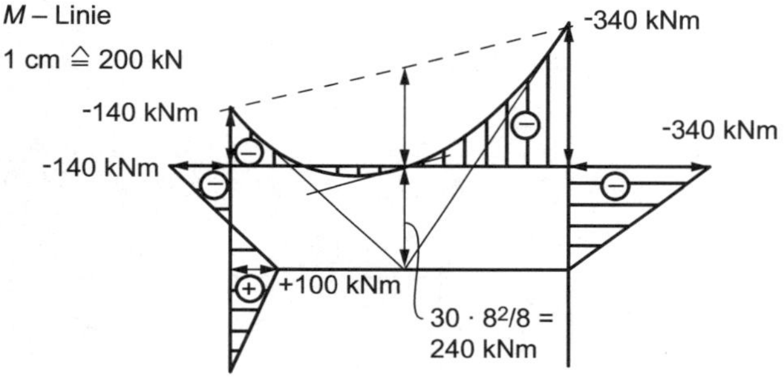

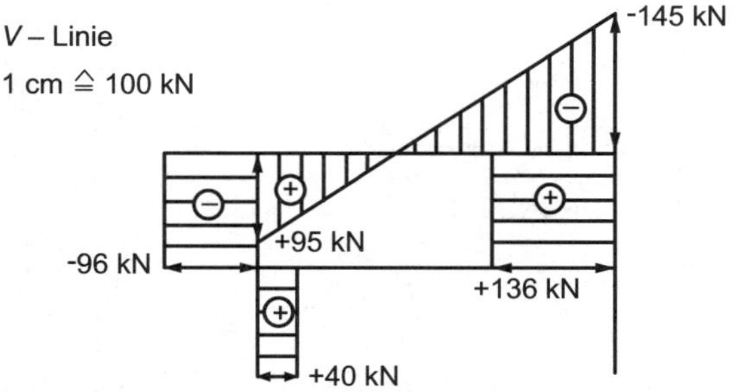

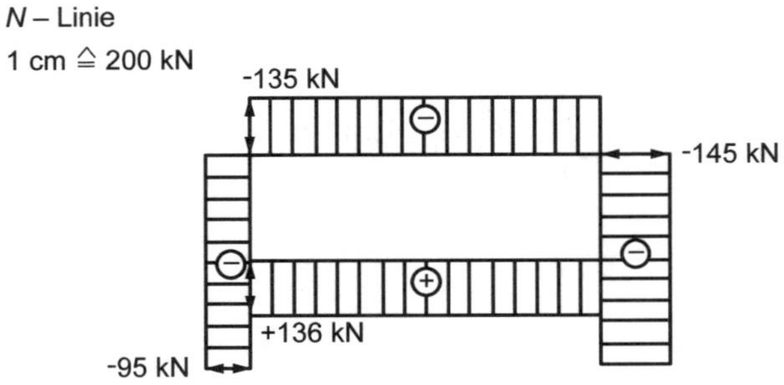

Aufgabe 30

Man ermittle die Stabkräfte mit Hilfe eines Cremonaplans (mit Feldbezeichnungen)

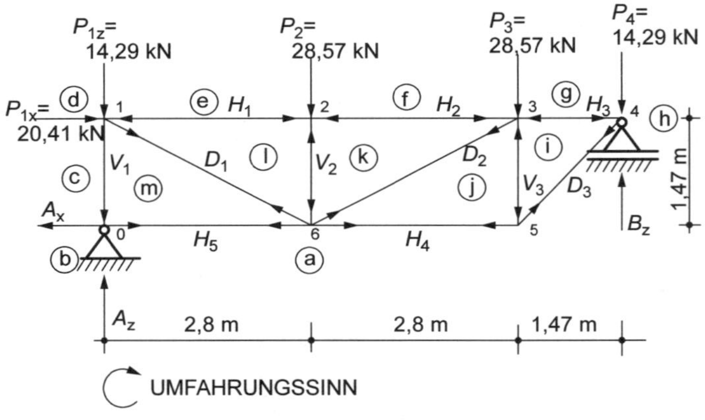

Auflagerkräfte

$\Sigma M_0 = 0$: $B_{z.} 7{,}07 - 20{,}41 \cdot 1{,}47 - 28{,}57 \cdot 2{,}8 - 28{,}57 \cdot 5{,}6 - 14{,}29 \cdot 7{,}07 = 0$

$$B_z = \frac{1}{7{,}07} \cdot (30 + 80 + 160 + 101{,}03) = \frac{371{,}03}{7{,}07}$$

$B_z = 52{,}48$ kN

$\Sigma F_z = 0$: $P_{1z} + P_2 + P_3 + P_4 - B_z - A_z = 0$

$A_z = 14{,}29 + 28{,}57 + 28{,}57 + 14{,}29 - 52{,}48$

$A_z = 33{,}24$ kN

$$\Sigma F_x = 0: \quad -A_x + P_{1x} = 0$$
$$A_x = P_{1x}$$
$$A_x = 20{,}41 \text{ kN}$$

Kontrolle

$$\Sigma M_2 = 0: -A_z \cdot 2{,}8 - A_x \cdot 1{,}47 + P_{1z} \cdot 2{,}8 - P_3 \cdot 2{,}8 - P_4 \cdot 4{,}27 + B_z \cdot 4{,}27 = 0$$
$$-33{,}24 \cdot 2{,}8 - 20{,}41 \cdot 1{,}47 + 14{,}29 \cdot 2{,}8 - 28{,}57 \cdot 2{,}8$$
$$-14{,}29 \cdot 4{,}27 + 52{,}48 \cdot 4{,}27 = 0$$
$$0{,}01 \approx 0$$

Ermittlung der Stabkräfte

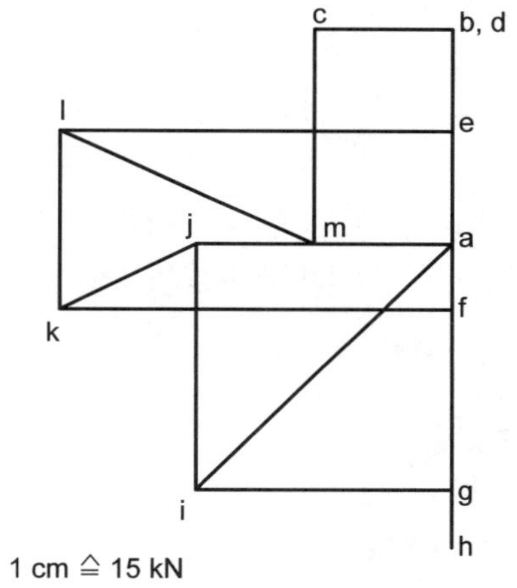

D_1	D_2	D_3	V_1	V_2	V_3	H_1	H_2	H_3	H_4	H_5
40,7	20,7	54	– 33,2	– 28,6	– 38,2	– 57	– 57	– 38,7	38,7	20,4

+ Zugkraft

– Druckkraft

Kontrolle durch Ritterschnitte

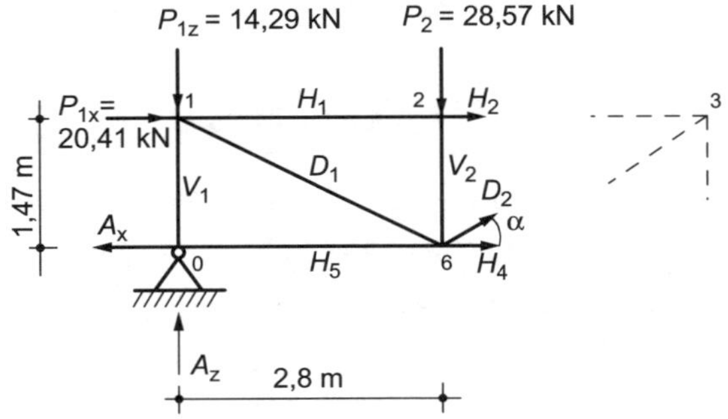

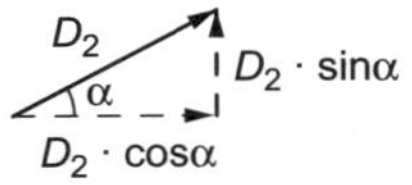

$$\tan\alpha = \frac{1,47}{2,8} = 0,525$$

$$\alpha = 27,7°$$

$$\Sigma M_6 = 0: -A_z \cdot 2,8 - P_{1x} \cdot 1,47 + P_{1z} \cdot 2,8 - H_2 \cdot 1,47 = 0$$

$$-33,24 \cdot 2,8 - 20,41 \cdot 1,47 + 14,29 \cdot 2,8 - H_2 \cdot 1,47 = 0$$

$$H_2 = \frac{1}{1,47} \cdot (-93,1 - 30,0 + 40,0)$$

$$H_2 = -56,5 \text{ kN}$$

$$\Sigma M_3 = 0: -A_z \cdot 5,6 - A_x \cdot 1,47 + P_{1z} \cdot 5,6 + P_2 \cdot 2,8 + H_4 \cdot 1,47 = 0$$

$$-186,1 - 30,0 + 80,0 + 80,0 + H_4 \cdot 1,47 = 0$$

$$H_4 = \frac{1}{1,47} \cdot 56,1$$

$$H_4 = 38,2 \text{ kN}$$

$$\Sigma F_z = 0: \; -A_z + P_{1z} + P_2 - D_2 \cdot \sin\alpha = 0$$

$$D_2 = \frac{1}{0,465}(-33,24 + 14,29 + 28,57)$$

$$D_2 = 20,7 \text{ kN}$$

$$\Sigma F_z = 0: \; 28,57 + V_2 = 0$$

$$V_2 = -28,57 \text{ kN}$$

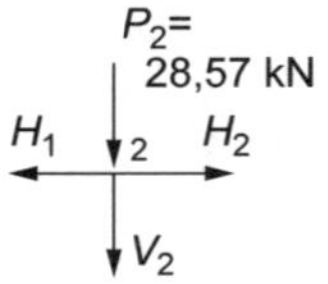

Aufgabe 31

Man ermittle die Stabkräfte mit Hilfe eines Cremonaplans (mit Feldbezeichnungen)

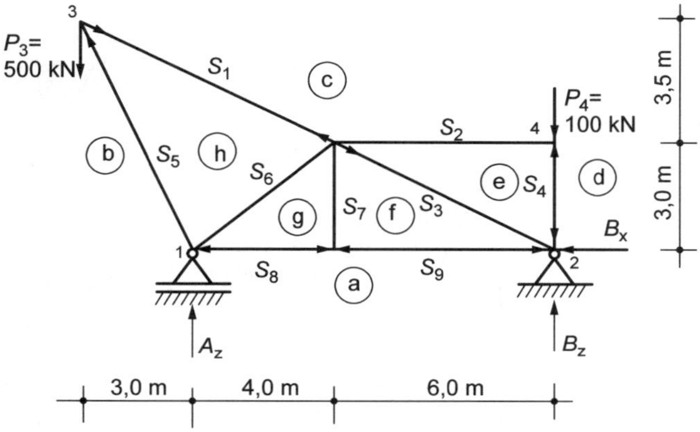

Auflagerkräfte

$\Sigma F_x = 0$: $\quad B_x = 0$

$\Sigma M_1 = 0$: $\quad B_z \cdot 10 - 100 \cdot 10 + 500 \cdot 3 = 0$

$$B_z = \frac{1}{10}(1000 - 1500)$$

$$B_z = -50 \text{ kN}$$

$\Sigma F_z = 0$: $\; - A_z - B_z + 500 + 100 = 0$

$$A_z = 600 - B_z = 600 - (-50)$$

$$A_z = 650 \text{ kN}$$

Kontrolle

$\Sigma M_2 = 0$: $\; - A_z \cdot 10 + 500 \cdot 13 = 0$

$$-650 \cdot 10 + 500 \cdot 13 = 0$$

$$-6500 + 6500 = 0$$

$$0 = 0$$

Stabkräfte

S_1	S_2	S_3	S_4	S_5	S_6	S_7	S_8	S_9
335	0	335	– 100	– 716	0	0	– 300	– 300

+ Zugkräfte

– Druckkräfte

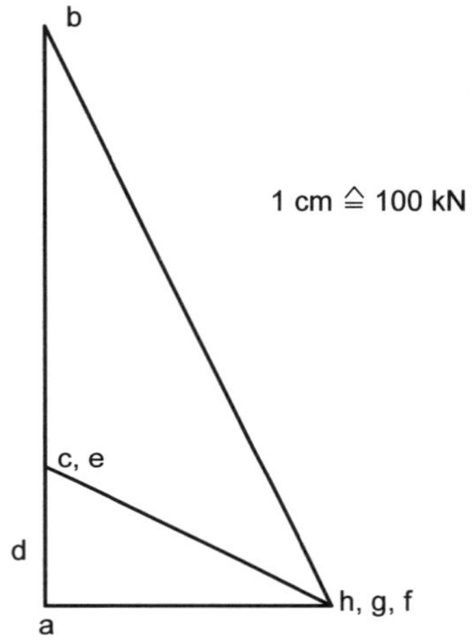

Teil 2

Verformungsberechnungen mit Hilfe des Prinzips der virtuellen Kräfte (PdvK)

Auf den folgenden Seiten wurden Verformungen zu einigen Zahlenbeispielen aus Teil 1 nach dem Prinzip der virtuellen Kräfte (PdvK) berechnet.

Zum besseren Verständnis wurden die Verformungskurven in die Systembilder in starker Überhöhung eingezeichnet.

Nach dem PdvK kann man an beliebiger Stelle eines Tragwerks beliebige Verformungen berechnen, indem man an der gewünschten Stelle eine virtuelle Belastung mit der Größe „1“ anbringt und dann den Arbeitssatz anwendet und die innere virtuelle Arbeit durch Integration ermittelt.

$$1 \cdot \delta = \int \frac{M\overline{M}}{EI}\,\mathrm{ds} + \int \frac{N\overline{N}}{EA}\,\mathrm{ds} + \int \frac{V\overline{V}}{GA_{\mathrm{V}}}\,\mathrm{ds}$$

Ist die Belastung „1“ eine Kraft, so ist die Verformung δ eine Verschiebung – in Richtung der angenommen Kraft. Ist die Belastung „1“ ein Moment, ergibt sich δ als eine Verdrehung. Damit auf der linken Seite der Gleichung eine Verformung und nicht eine Arbeit steht, muss die „1“ eine dimensionslose Größe sein. Dadurch erhalten die virtuellen Momentenlinien ungewöhnliche Dimensionen, bei virtuellen Kräften ist die Dimension der Momentenlinie Meter (m) und bei virtuellen Momenten ist die Momentenlinie dimensionslos.

Bei der Berechnung der Integrale bedient man sich vorgegebener „Integraltabellen“ wie sie in den Tabellenbüchern abgedruckt sind. Oft werden hier verschiedene Bezeichnungen benutzt. Deshalb sind die nachfolgenden Beispiele mit den auf den Seiten 133, 134 abgedruckten Tabellen berechnet worden.

Leider sind die tatsächlichen Momentenflächen häufig nicht in den Tabellen enthalten, und so muss man den gegebenen Verlauf durch Addition zweier Teil-Momentenflächen beschreiben.

Typisches Beispiel hierfür ist die Momentenfläche eines Einfeldträgers mit Kragarm unter Gleichstreckenlast. Die Momentenfläche im Feld setzt sich aus einer dreieckigen negativen Momentfläche (Stützmoment) und einer parabelförmigen positi-ven Fläche ($M = q \cdot l^2/8$) zusammen. Man muss dann für beide Teile die Integration mit der virtuellen Momentenfläche durchführen.

Wichtig für die Berechnung ist es dimensionsrein zu arbeiten, d. h. in den Formeln die jeweils maßgebenden Einheiten zu verwenden. In den Beispielen wurden die Einheiten kN und m verwendet. Der E-Modul von Stahl mit 210.000 N/mm^2 = $2{,}1 \cdot 10^5$ N/mm^2 = $2{,}1 \cdot 108$ kN/m^2 und das Flächenträgheitsmoment, z. B. I = 5700 cm^4 lässt sich auch als $5700 \cdot 10^{-8}$ m^4 darstellen.

Die Ergebnisse sind dann Verschiebungen in m oder Verdrehungen im Bogenmaß. Die Umrechnung auf Winkel in Altgrad erfolgt durch Multiplikation mit dem Wert $180/\pi$.

Eine Einheitenkontrolle wird zur Veranschaulichung bei den Aufgaben 16 und 25 durchgeführt.

Bei den meisten Strukturen reicht es aus, nur die Integrale

$$\int \frac{M\overline{M}}{EI}\,ds$$

auszuwerten.

Die Verformungsanteile der Querkräfte und der Normalkräfte sind fast immer vernachlässigbar klein.

Dies wird durch das Zahlenbeispiel „Horizontalverschiebung im Eckpunkt“ der Aufgabe 18 belegt. Bei den restlichen Beispielen wurde nur der Momentenanteil berücksichtigt.

Ausnahmen sind Konstruktionen bei denen Querschnitte mit kleinen Flächen (z. B. Seile) verwendet werden. Hier kann der Normalkraftanteil relevant werden und darf daher nicht vernachlässigt werden.

Ebenso kann bei kurzen, hohen Trägern der Querkraftanteil der Verformung nennenswert sein. Dieses gilt besonders für Holzträger, da hier der Schubmodul im Verhältnis zum E-Modul besonders klein ist.

Eine Sonderstellung bei Verformungsberechnungen nehmen die Fachwerke ein. Da hier Querkräfte und Biegemomente in der Regel gleich null sind, bzw. vernachlässigbar klein sind, können sie wie Gelenkfachwerke berechnet werden. Bei Belastungen nur in den Knotenpunkten treten in den Stäben nur konstante Normalkräfte auf. Man kann deshalb das Integral durch die Summe ersetzen:

Diese Summenberechnung wird in der Regel in Tabellenform durchgeführt (siehe Aufgabe 30).

Aufgabe 15

System

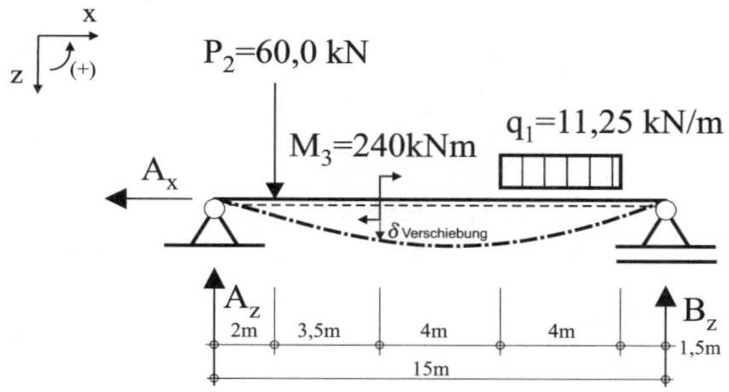

M-Linie

Einheit kNm

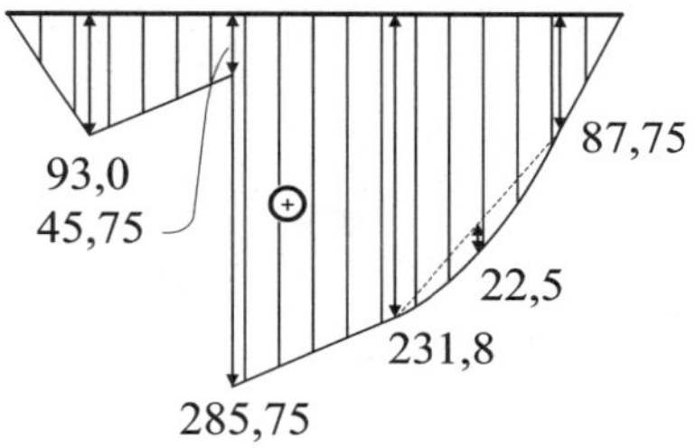

Durchbiegung am Momentenangriffspunkt

Man bringt die virtuelle Last $\overline{F}=1$ am Momentenangriffspunkt an.

Virtuelles System

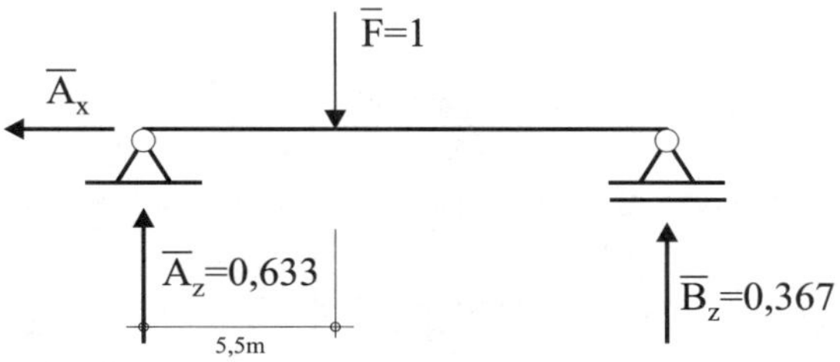

$\overline{M}$-Linie

Einheit m

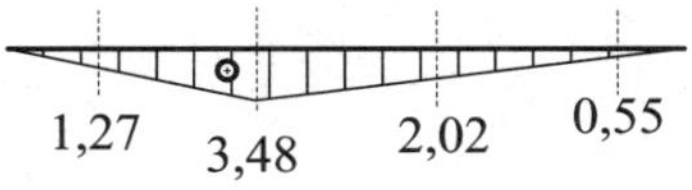

Virtuelle Auflagerkräfte

$\sum \overline{M}_A = 0$ $\qquad$ $\sum \overline{F}_z = 0$ $\qquad$ $\sum \overline{F}_x = 0$

$\overline{B}_z = 0{,}367$ ·/. ($^m/_m$) $\qquad$ $\overline{A}_z = 0{,}633$ ·/. $\qquad$ $\overline{A}_x = 0{,}00$ ·/.

Berechnung der Durchbiegung

gewählt: HEB600

$E \quad = 210.000\ \text{N/mm}^2 = 210.000.000\ \text{kN/m}^2 = 2{,}10 \cdot 10^8\ \text{kN/m}^2$

$I \quad = 171.000\ \text{cm}^4 \quad = 0{,}00171\ \text{m}^4 \quad = 17{,}1 \cdot 10^{-4}\ \text{m}^4$

$EI \quad = 359.100\ \text{kN m}^2$

$$\delta = \int \frac{\overline{M}M}{EI}\,\mathrm{d}x$$

Berechnung mit Integraltafel

$\delta = \frac{1}{EI}\int$ 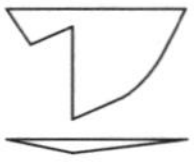

$\delta = \frac{1}{EI}\int$ 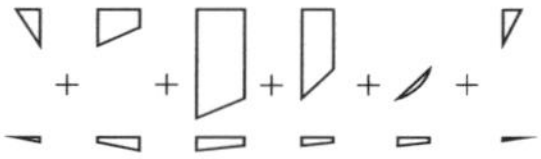

$$\delta = \frac{1}{EI}\left[\begin{array}{l} \frac{\overline{M}_\kappa M_\kappa}{3}l + \left(\frac{\overline{M}_\iota M_\iota + \overline{M}_\kappa M_\kappa}{3} + \frac{\overline{M}_\iota M_\kappa + \overline{M}_\kappa M_\iota}{6}\right)l \\ + \left(\frac{\overline{M}_i M_i + \overline{M}_k M_k}{3} + \frac{\overline{M}_i M_k + \overline{M}_k M_i}{6}\right)l \\ + \left(\frac{\overline{M}_i M_i + \overline{M}_k M_k}{3} + \frac{\overline{M}_i M_k + \overline{M}_k M_i}{6}\right)l + \frac{\overline{M}_i + \overline{M}_k}{3} M\,l + \frac{\overline{M}_i M_i}{3} l \end{array}\right]$$

$$\delta = \frac{1}{359100}\left[\begin{array}{l} \frac{1{,}27 \cdot 93}{3} \cdot 2{,}0 + \left(\frac{1{,}27 \cdot 93 + 3{,}48 \cdot 45{,}75}{3} + \frac{1{,}27 \cdot 45{,}75 + 3{,}48 \cdot 93}{6}\right)3{,}5 \\ + \left(\frac{3{,}48 \cdot 285{,}75 + 2{,}02 \cdot 231{,}8}{3} + \frac{3{,}48 \cdot 231{,}8 + 2{,}02 \cdot 285{,}75}{6}\right)4{,}0 \\ + \left(\frac{2{,}02 \cdot 231{,}8 + 0{,}55 \cdot 87{,}75}{3} + \frac{2{,}02 \cdot 87{,}75 + 0{,}55 \cdot 231{,}8}{6}\right)4{,}0 \\ + \frac{2{,}02 + 0{,}55}{3} \cdot 22{,}5 \cdot 4{,}0 + \frac{0{,}55 \cdot 87{,}75}{3} \cdot 1{,}5 \end{array}\right]$$

$$\delta = \frac{1}{359100}(78{,}74 + 546{,}22 + 2872{,}78 + 891{,}49 + 77{,}10 + 24{,}13)$$

$$\delta = \frac{4490{,}46}{359100} = \underline{0{,}01250\text{m}} = \underline{\underline{12{,}50\text{mm}}}$$

Aufgabe 16

System

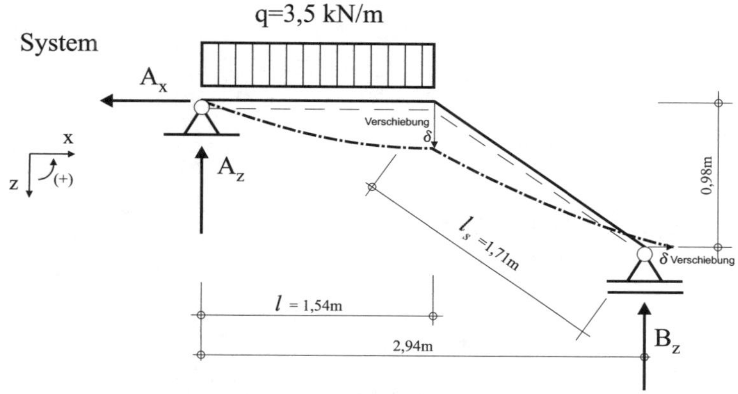

M-Linie

Einheit kNm

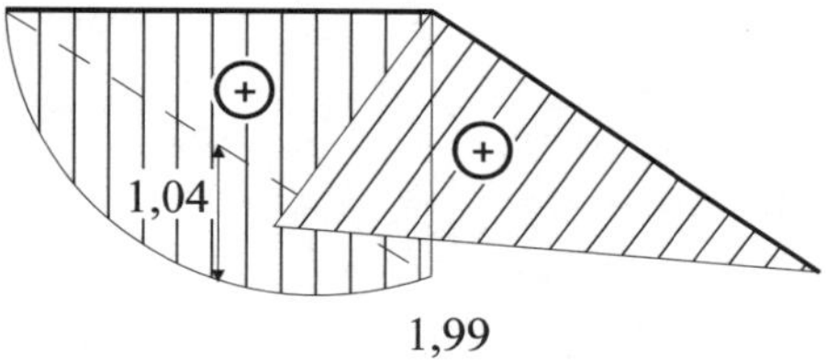

Horizontalverschiebung des Auflagers B

Man bringt die virtuelle Last $\overline{F} = 1$ am Auflager B an

Virtuelles System

$\overline{\text{M}}$-Linie

Einheit m

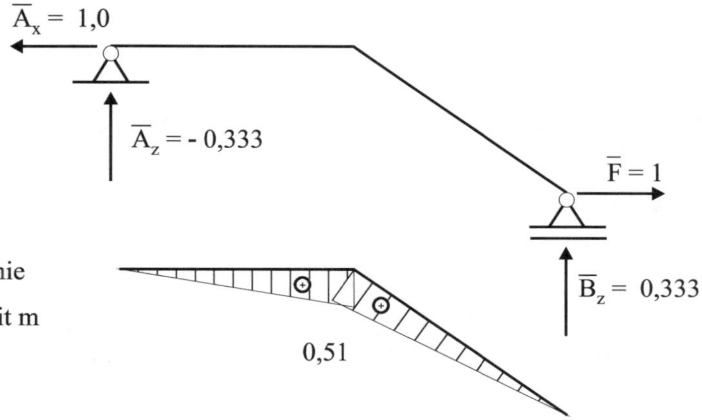

Virtuelle Auflagerkräfte

$\sum \overline{M}_A = 0$ $\sum \overline{F}_z = 0$ $\sum \overline{F}_x = 0$

$\overline{B}_z = 0{,}333 \text{ ·/.} \; (^{m}/_{m})$ $\overline{A}_z = -0{,}333 \text{ ·/.}$ $\overline{A}_x = -1{,}00 \text{ ·/.}$

Berechnung der Verschiebung

gewählt : IPE 220

$E = 210.000 \text{ N/mm}^2 = 210.000.000 \text{ kN/m}^2$

$I = 2770 \text{ cm}^4 = 0{,}0000277 \text{ m}^4$

$E\,I = 5817 \text{ kN m}^2$

$$\delta = \int \frac{\overline{M}\,M}{E\,I}\,\mathrm{d}x$$

Berechnung über Integraltafel

$$\delta = \frac{1}{E\,I} \int$$

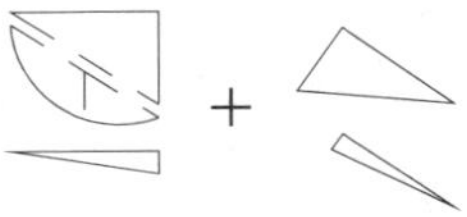

$$\delta = \frac{1}{E\,I}\left(\frac{\overline{M}_k M_k}{3} l + \frac{\overline{M}_k M}{3} l + \frac{\overline{M}_i M_i}{3} l_s \right)$$

$$\delta = \frac{1}{5817}\left(\frac{0{,}51 \cdot 1{,}99}{3} \cdot 1{,}54 + \frac{0{,}51 \cdot 1{,}04}{3} \cdot 1{,}54 + \frac{0{,}51 \cdot 1{,}99}{3} \cdot 1{,}71 \right)$$

$$\delta = \frac{1{,}372}{5817} = \underline{0{,}000236\text{m}} \approx \underline{\underline{0{,}24\text{mm}}}$$

Einheitenkontrolle bei anbringen einer virtuellen Kraft

$$\delta = \frac{\text{·/.}}{\text{kNm}^2}\left(\frac{\text{m} \cdot \text{kNm}}{\text{·/.}} \cdot \text{m} + \frac{\text{m} \cdot \text{kNm}}{\text{·/.}} \cdot \text{m} + \frac{\text{m} \cdot \text{kNm}}{\text{·/.}} \cdot \text{m} \right)$$

$$\delta = \frac{\text{·/.}}{\text{kNm}^2} \cdot \frac{\text{kNm}^3}{\text{·/.}} = \underline{\underline{\text{m}}}$$

Verschiebung (Durchbiegung) Punkt 3 in vertikaler Richtung

Man bringt die virtuelle Last $\overline{F} = 1$ vertikal am Punkt 3 des Stabes an

Virtuelles System

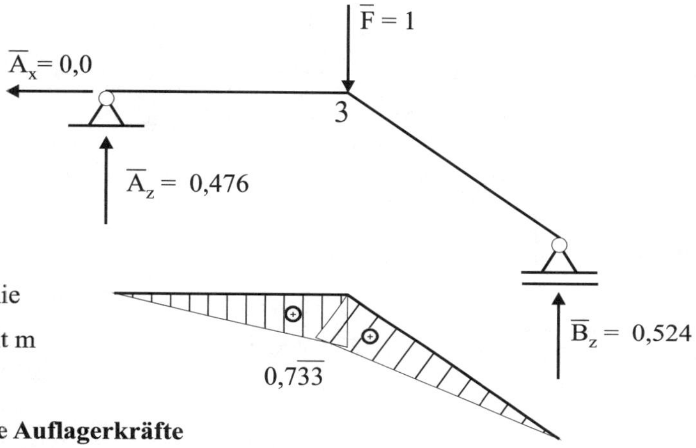

$\overline{M}$-Linie

Einheit m

Virtuelle Auflagerkräfte

$\sum \overline{M}_A = 0$ $\qquad \sum \overline{F}_z = 0$ $\qquad \sum \overline{F}_x = 0$

$\overline{B}_z = 0{,}524$ ·/. ($^m/_m$) $\qquad \overline{A}_z = 0{,}476$ ·/. $\qquad \overline{A}_x = 0{,}00$ ·/.

Berechnung über Integraltafel

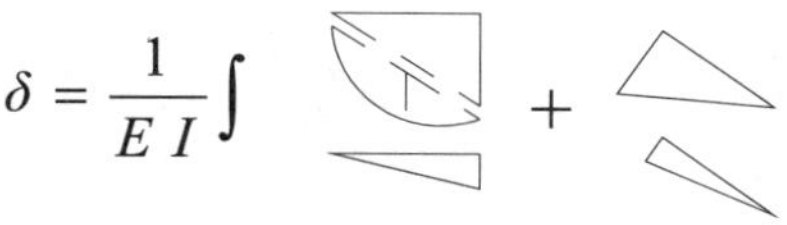

$$\delta = \frac{1}{EI}\left[\frac{\overline{M}_k M_k}{3} l + \frac{\overline{M}_k M}{3} l + \frac{\overline{M}_i M_i}{3} l_s\right]$$

$$\delta = \frac{1}{5817}\left[\frac{0{,}73 \cdot 1{,}99}{3} \cdot 1{,}54 + \frac{0{,}73 \cdot 1{,}04}{3} \cdot 1{,}54 + \frac{0{,}73 \cdot 1{,}99}{3} \cdot 1{,}71\right]$$

$$\delta = \frac{1{,}813}{5817} = \underline{0{,}000312\text{m}} \approx \underline{\underline{0{,}31\text{mm}}}$$

Aufgabe 18

System

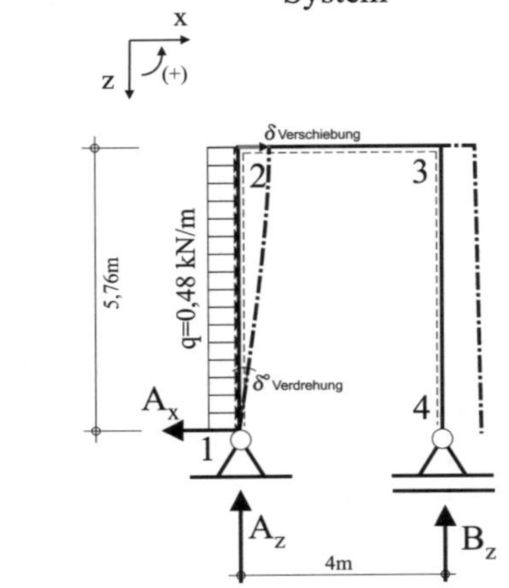

M-Linie

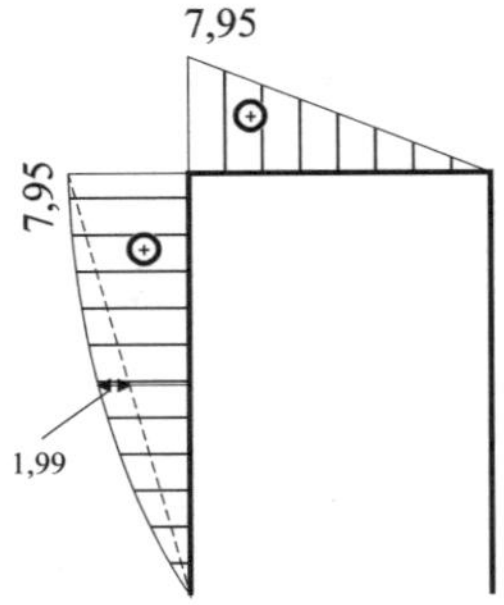

Einheit kNm

Horizontalverschiebung der Ecke 2

Man bringt die virtuelle Last $\overline{F} = 1$ am Eckpunkt 2 an.

Virtuelles System

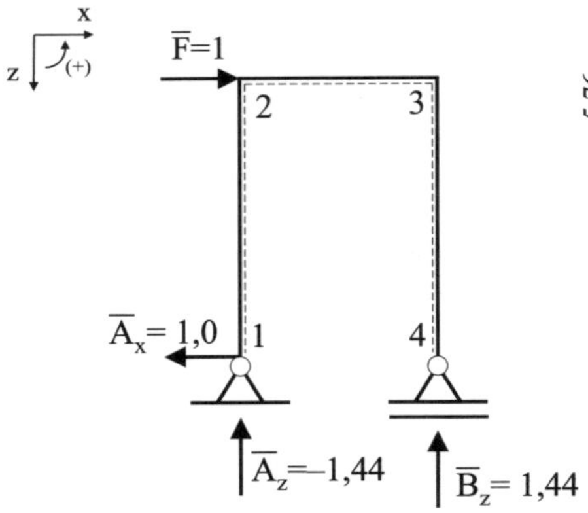

$\overline{M}$-Linie

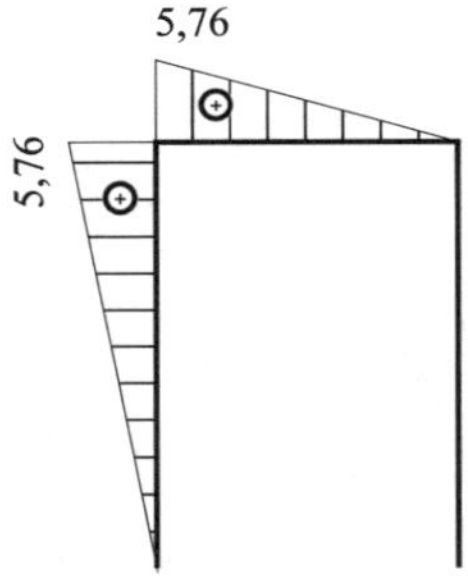

Einheit m

Virtuelle Auflagerkräfte

$$\sum \overline{M}_A = 0 \qquad \sum \overline{F}_z = 0 \qquad \sum \overline{F}_x = 0$$

$$4\overline{B}_z - 1 \cdot 5{,}76 = 0 \qquad \overline{A}_z = -1{,}44 \text{ ·/.} \qquad \overline{A}_x = 1{,}00 \text{ ·/.}$$

$$\Rightarrow \overline{B}_z = 1{,}44 \text{ ·/.} \left({}^{m}/_{m}\right)$$

Berechnung der Verschiebung

gewählt: Stiel HEB 160; Riegel IPE 240

E = 210.000 N/mm² = 210.000.000 kN/m²
I_{Riegel} = 3890 cm⁴ = 0,00003890 m⁴
I_{Stiel} = 2490 cm⁴ = 0,00002490 m⁴
$E\,I_{Riegel}$ = 8169 kN m²
$E\,I_{Stiel}$ = 5229 kN m²

$$\delta = \int \frac{\overline{M}\,M}{E\,I_{Riegel}}\,dx + \int \frac{\overline{M}\,M}{E\,I_{Stiel}}\,dx$$

Berechnung mit Integraltafel

$$\delta = \frac{1}{E\,I_{Riegel}} \int$$
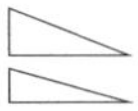
$$+ \frac{1}{E\,I_{Stiel}} \int$$
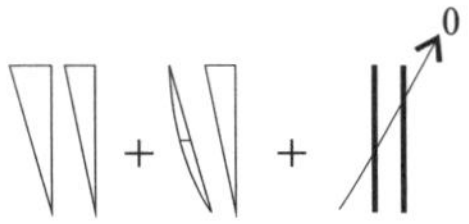

$$\delta = \frac{1}{E\,I_{Riegel}}\left(\frac{\overline{M}_i\,M_i}{3}\,l\right) + \frac{1}{E\,I_{Stiel}}\left(\frac{\overline{M}_i\,M_i}{3}\,l + \frac{\overline{M}_i\,M}{3}\,l\right)$$

$$\delta = \frac{1}{8169}\left(\frac{5{,}76 \cdot 7{,}95}{3} \cdot 4\right)$$

$$+ \frac{1}{5229}\left(\frac{5{,}76 \cdot 7{,}95}{3} \cdot 5{,}76 + \frac{5{,}76 \cdot 1{,}99}{3} \cdot 5{,}76\right)$$

$$\delta = \frac{61{,}056}{8169} + \frac{109{,}9284}{5229} = \underline{0{,}0285\text{m}} = \underline{\underline{28{,}5\text{mm}}}$$

Berücksichtigung der Normal- und Querkraftanteile

N-Linie
Einheit kN

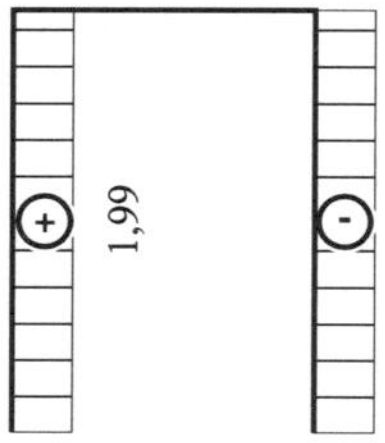

V-Linie
Einheit kN

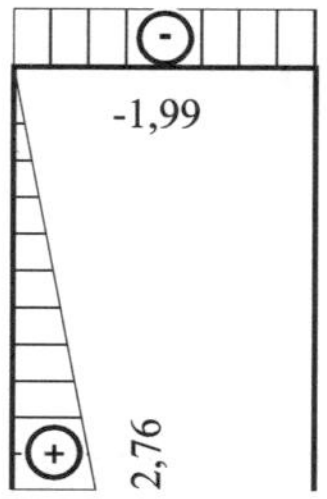

$\overline{N}$-Linie
Einheit ./.

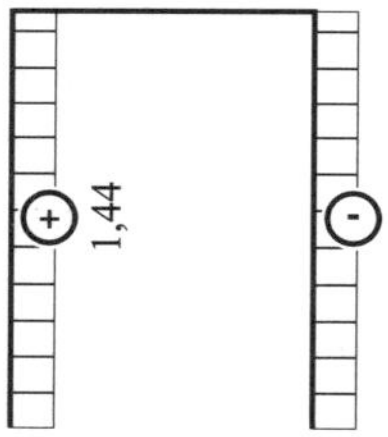

$\overline{V}$-Linie
Einheit ./.

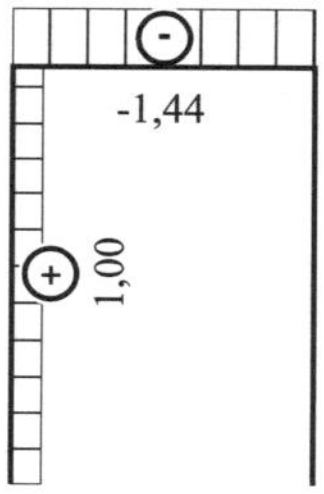

Berechnung der Verschiebungsanteile infolge *N* und *V*

gewählt: Riegel IPE 240; Stiel HEB 160

$E = 210.000 \text{ N/mm}^2 = 210.000.000 \text{ kN/m}^2 = 2{,}10 \cdot 10^8$

$G = 81.000 \text{ N/mm}^2 = 81.000.000 \text{ kN/m}^2 = 0{,}81 \cdot 10^8$

$A_{\text{Riegel}} = 39{,}10 \text{ cm}^2 = 0{,}00391 \text{ m}^2$

$A_{\text{Stiel}} = 54{,}30 \text{ cm}^2 = 0{,}00543 \text{ m}^2$

$Av_{\text{Riegel}} = (0{,}24 - 2 \cdot 0{,}0098) \cdot 0{,}0062 = 0{,}00137 \text{m}^2 = 13{,}7 \cdot 10^{-4}$

$Av_{\text{Stiel}} = (0{,}16 - 2 \cdot 0{,}0130) \cdot 0{,}0080 = 0{,}00107 \text{m}^2 = 10{,}7 \cdot 10^{-4}$

$E\ A_{\text{Riegel}} = 821.100 \text{ kN} = 8{,}21 \cdot 10^5 \text{kN}$

$E\ A_{\text{Stiel}} = 1.140.300 \text{ kN} = 1{,}14 \cdot 10^6 \text{kN}$

$G\ Av_{\text{Riegel}} = 0{,}81 \cdot 10^8 \cdot 13{,}7 \cdot 10^{-4} = 1{,}1 \cdot 10^5 \text{kN}$

$G\ Av_{\text{Stiel}} = 0{,}81 \cdot 10^8 \cdot 10{,}7 \cdot 10^{-4} = 8{,}6 \cdot 10^4 \text{kN}$

Berechnung mit Integraltafel

$$\delta_N = \int \frac{\overline{N}\,N}{E\,A_{\text{Riegel}}}\,dx + \int \frac{\overline{N}\,N}{E\,A_{\text{Stiel}}}\,dx$$

$\delta_N = \frac{1}{E\,A_{\text{Riegel}}} \int$  $+ \frac{1}{E\,A_{\text{Stiel}}} \int$ 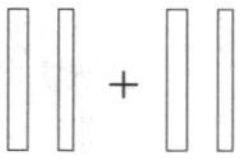

$$\delta_N = 0 + \frac{1}{E\,A_{\text{Stiel}}}\left(\overline{N}\,N\,l + \overline{N}\,N\,l\right)$$

$$\delta_N = \frac{1}{1{,}14\cdot 10^6}\left[1{,}44\cdot 1{,}99\cdot 5{,}76 + (-1{,}44)\cdot(-1{,}99)\cdot 5{,}76\right]$$

$$\delta_N = \frac{33{,}01}{1{,}14\cdot 10^6} = \underline{2{,}89\cdot 10^{-6}\,\text{m}} = \underline{\underline{0{,}0029\,\text{mm}}}$$

$$\delta_V = \int \frac{\overline{V}\,V}{G\,A_{V\,\text{Riegel}}}\,dx + \int \frac{\overline{V}\,V}{G\,A_{V\,\text{Stiel}}}\,dx$$

$\delta_V = \frac{1}{G\,A_{V\,\text{Riegel}}} \int$ 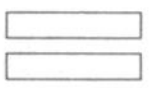 $+ \frac{1}{G\,A_{V\,\text{Stiel}}} \int$ 

$$\delta_V = \frac{1}{G\,A_{V\,\text{Riegel}}}\left(\overline{V}\,V\,l\right) + \frac{1}{G\,A_{V\,\text{Stiel}}}\left(\frac{\overline{V}\,V}{2}\,l\right)$$

$$\delta_V = \frac{1}{1{,}1\cdot 10^5}\left[(-1{,}44)\cdot(-1{,}99)\cdot 4{,}0\right] + \frac{1}{8{,}6\cdot 10^4}\cdot\left(\frac{1{,}0\cdot 2{,}76}{2}\cdot 5{,}76\right)$$

$$\delta_V = 1{,}04\cdot 10^{-4} + 9{,}24\cdot 10^{-5} = \underline{1{,}97\cdot 10^{-4}\,\text{m}} = \underline{\underline{0{,}20\,\text{mm}}}$$

Gesamtverformung:

$$\delta = \Sigma \int \frac{\overline{M}\;M}{E\,I}\,dx + \Sigma \int \frac{\overline{N}\;N}{E\,A}\,dx + \Sigma \int \frac{\overline{V}\;V}{G\,A_V}\,dx$$

$$\delta = 28{,}5\,\text{mm} + 0{,}003\,\text{mm} + 0{,}20\,\text{mm} = \underline{\underline{28{,}7\,\text{mm}}}$$

Die Verformungsanteile infolge von N und V sind klein gegenüber denen infolge M !

Verdrehung des Auflagers A

Man bringt das virtuelle Moment $\overline{M} = 1$ am Auflager an.

Virtuelles System $\qquad\qquad$ $\overline{\text{M}}$-Linie

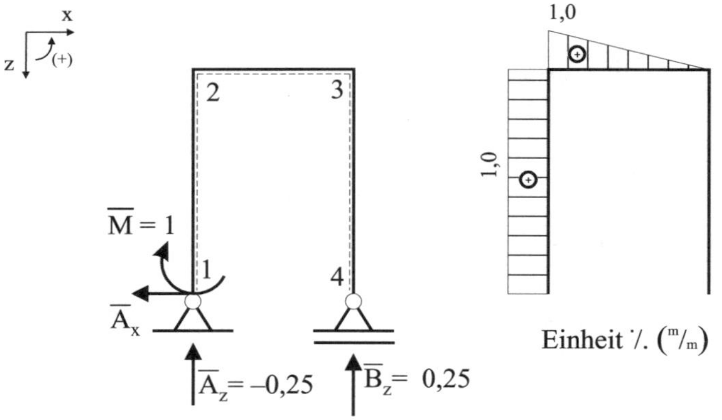

Virtuelle Auflagerkräfte

$$\sum \overline{M}_{\text{A}} = 0 \qquad \sum \overline{F}_{\text{z}} = 0 \qquad \sum \overline{F}_{\text{x}} = 0$$

$$4\overline{B}_{\text{z}} - 1 = 0 \Rightarrow \overline{B}_{\text{z}} = 0{,}25\ {}^{1}/_{\text{m}} \qquad \overline{A}_{\text{z}} = -0{,}25\ {}^{1}/_{\text{m}} \qquad \overline{A}_{\text{x}} = 0{,}00\ {}^{1}/_{\text{m}}$$

Berechnung der Verdrehung

$$\delta = \int \frac{\overline{M}\,M}{E\,I_{\text{Riegel}}}\,\mathrm{d}x + \int \frac{\overline{M}\,M}{E\,I_{\text{Stiel}}}\,\mathrm{d}x$$

Berechnung mit Integraltafel

$$\delta = \frac{1}{E\,I_{\text{Riegel}}} \int \qquad + \frac{1}{E\,I_{\text{Stiel}}} \int \qquad + \qquad + \qquad$$

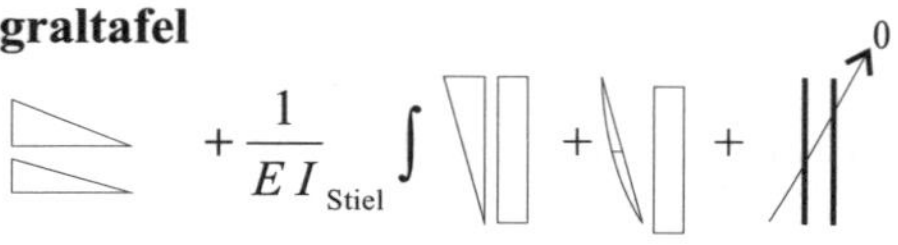

$$\delta = \frac{1}{E\,I_{\text{Riegel}}}\left(\frac{\overline{M}_{\text{i}}\,M_{\text{i}}}{3}\,l\right) + \frac{1}{E\,I_{\text{Stiel}}}\left(\frac{\overline{M}\,M_{\text{i}}}{2}\,l + 2\,\frac{\overline{M}\,M}{3}\,l\right)$$

$$\delta = \frac{1}{8169}\left(\frac{1{,}00 \cdot 7{,}95}{3} \cdot 4\right)$$

$$+ \frac{1}{5229}\left(\frac{1{,}00 \cdot 7{,}95}{3} \cdot 5{,}76 + 2\,\frac{1{,}00 \cdot 1{,}99}{3} \cdot 5{,}76\right)$$

$$\delta = \frac{10{,}60}{8169} + \frac{30{,}54}{5229} = \underline{0{,}007138}$$

$$\delta^{\circ} = \frac{180 \cdot \widehat{\delta}}{\pi} = \frac{180 \cdot 0{,}007138}{\pi} = \underline{\underline{0{,}409^{\circ}}}$$

Aufgabe 20

System

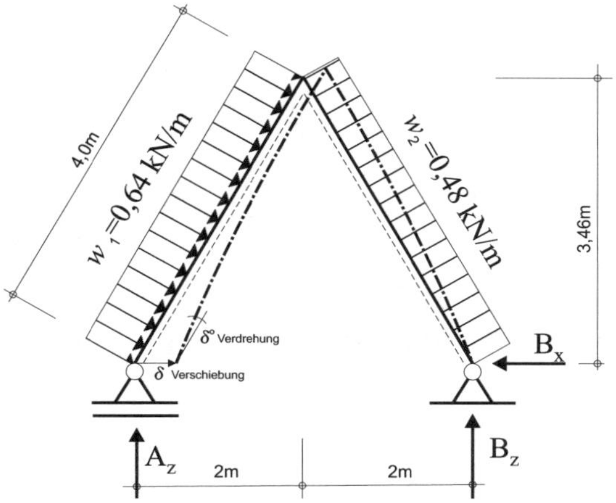

M-Linie

Einheit kNm

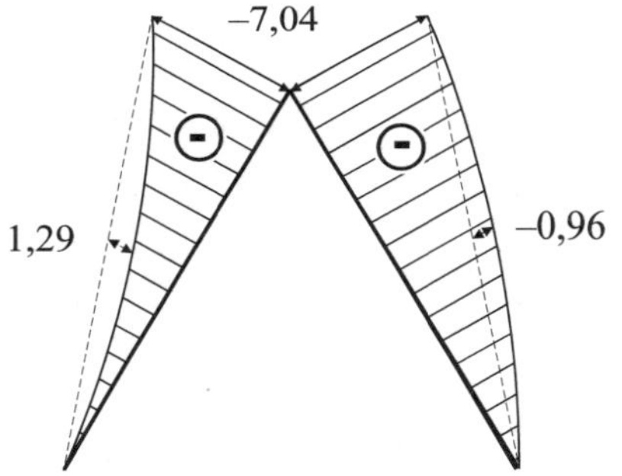

Stabverdrehung am Lager A

Man bringt ein virtuelles Moment $\overline{M} = 1$ am Auflager an.

Virtuelles System

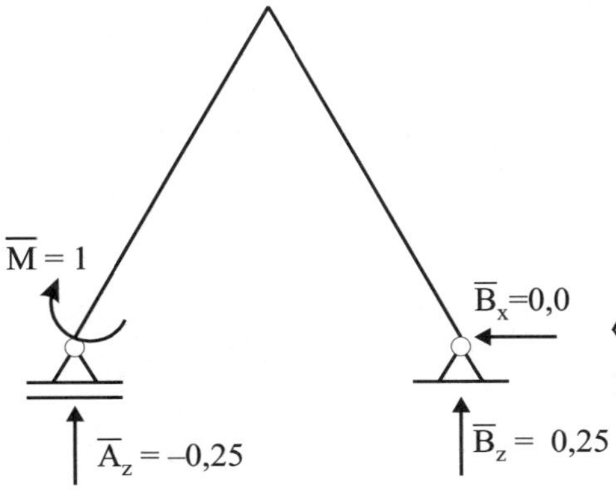

$\overline{M}$-Linie

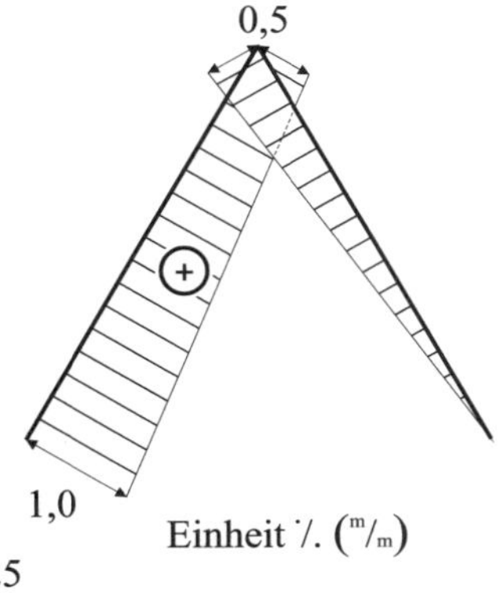

Einheit ·/. ($^m/_m$)

Virtuelle Auflagerkräfte

$\sum \overline{M}_A = 0$ $\quad$ $\sum \overline{F}_z = 0$ $\quad$ $\sum \overline{F}_x = 0$

$\overline{B}_z = 0{,}25\ ^1/_m$ $\quad$ $\overline{A}_z = -0{,}25\ ^1/_m$ $\quad$ $\overline{B}_x = 0{,}00\ ^1/_m$

Berechnung der Verdrehung

gewählt: IPE 200

$E \quad = 210.000\ \text{N/mm}^2 = 210.000.000\ \text{kN/m}^2 = 2{,}1 \cdot 10^8\ \text{kN/m}^2$

$I \quad = 1940\ \text{cm}^4 = 0{,}0000194\ \text{m}^4 = 1940 \cdot 10^{-8}\ \text{m}^4$

$E\,I \quad = \underline{4074\ \text{kN m}^2}$

$$\delta = \int \frac{\overline{M}\,M}{E\,I}\,\text{d}x$$

Berechnung mit Integraltafel

$$\delta = \frac{1}{EI}\int$$

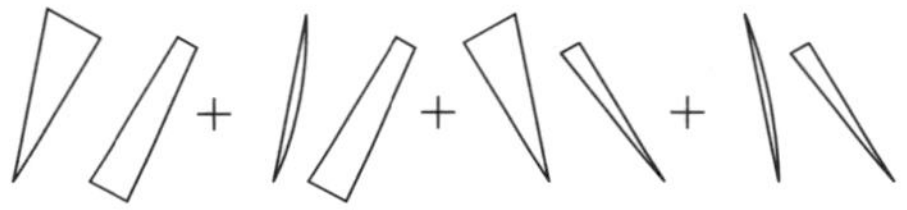

$$\delta = \frac{1}{EI}\left(\frac{2\overline{M}_i\,\overline{M}_k}{6}M_k\,l + \frac{\overline{M}_i\,\overline{M}_k}{3}M\,l + \frac{\overline{M}_i\,M_i}{3}\,l + \frac{\overline{M}_i\,M}{3}\,l\right)$$

$$\delta = \frac{1}{4074}\left(\begin{array}{l}\dfrac{2\cdot 0{,}5\cdot 1{,}0}{6}\cdot(-7{,}04)\cdot 4{,}0 + \dfrac{0{,}5\cdot 1{,}0}{3}\cdot 1{,}29\cdot 4{,}0\\ + \dfrac{0{,}5\cdot(-7{,}04)}{3}\cdot 4{,}0 + \dfrac{0{,}5\cdot(-0{,}96)}{3}\cdot 4{,}0\end{array}\right)$$

$$\delta = \frac{1}{4074}\left(-9{,}38 + 2{,}56 - 4{,}69 - 0{,}64\right)$$

$$\delta = \frac{-12{,}16}{4074} = \underline{-0{,}002984\,\text{m/m}} = \underline{\underline{-2{,}984\,\text{mm/m}}}$$

$$\delta^\circ = \frac{180\cdot\widehat{\delta}}{\pi} = \frac{180\cdot 0{,}002984}{\pi} = \underline{\underline{-0{,}171^\circ}}$$

Negatives Vorzeichen = Drehung entgegen der angenommenen Drehrichtung des virtuellen Moments

Verschiebung am Lager A

Man bringt eine Virtuelle Kraft $\overline{F} = 1$ am Auflager an.

Virtuelles System $\qquad\qquad$ $\overline{\text{M}}$-Linie

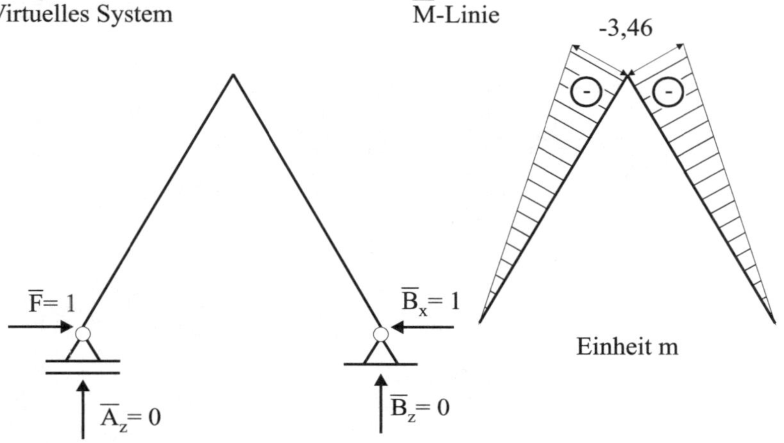

Virtuelle Auflagerkräfte

$\sum \overline{M}_A = 0 \qquad \sum \overline{F}_z = 0 \qquad \sum \overline{F}_x = 0$

$\overline{B}_z = 0 \text{ ⁄. } (^m/_m) \qquad \overline{A}_z = 0 \text{ ⁄. } \qquad \overline{B}_x = 1{,}00 \text{ ⁄.}$

Berechnung der Verdrehung

$$\delta = \int \frac{\overline{M}\, M}{E\, I}\, \mathrm{d}x$$

Berechnung mit Integraltafel

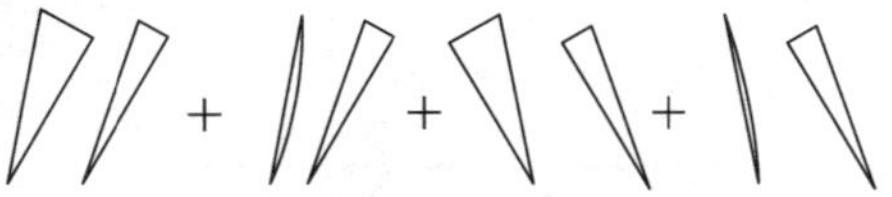

$$\delta = \frac{1}{E\,I} \int \quad + \quad + \quad +$$

$$\delta = \frac{1}{E\,I}\left(\frac{\overline{M}_k\, M_k}{3} l + \frac{\overline{M}_k\, M}{3} l + \frac{\overline{M}_i\, M_i}{3} l + \frac{\overline{M}_i\, M}{3} \right)$$

$$\delta = \frac{1}{4074}\left(\begin{array}{l} \frac{(-3{,}46)\cdot(-7{,}04)}{3}\cdot 4{,}0 + \frac{(-3{,}46)\cdot 1{,}29}{3}\cdot 4{,}0 \\ + \frac{(-3{,}46)\cdot(-7{,}04)}{3}\cdot 4{,}0 + \frac{(-3{,}46)\cdot(-0{,}96)}{3}\cdot 4{,}0 \end{array} \right)$$

$$\delta = \frac{1}{4074}\left(32{,}45 - 5{,}95 + 32{,}45 + 4{,}42\right)$$

$$\delta = \frac{63{,}38}{4074} = \underline{0{,}015556\,\mathrm{m}} = \underline{\underline{15{,}56\,\mathrm{mm}}}$$

Aufgabe 25

System

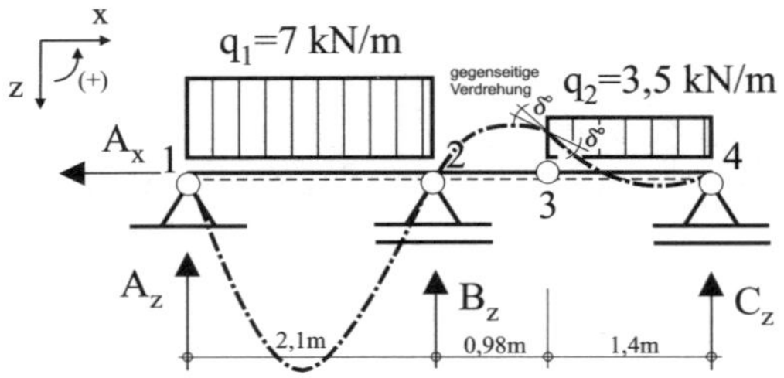

M-Linie

Einheit kNm

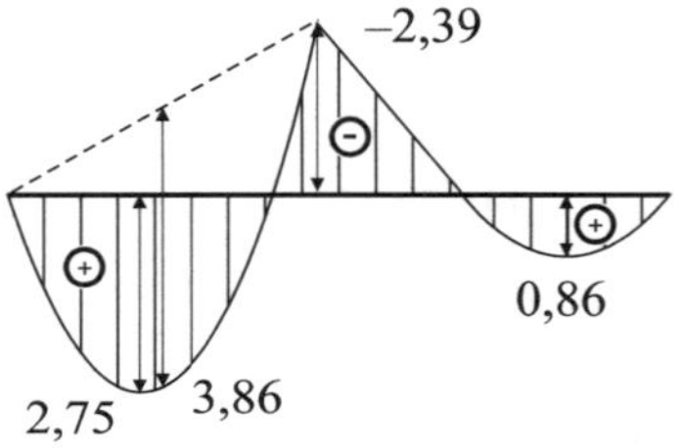

Gegenseitige Verdrehung im Gelenk
Man bringt 2 virtuelle Momente $\overline{M} = 1$ am Gelenk an.

Virtuelles System

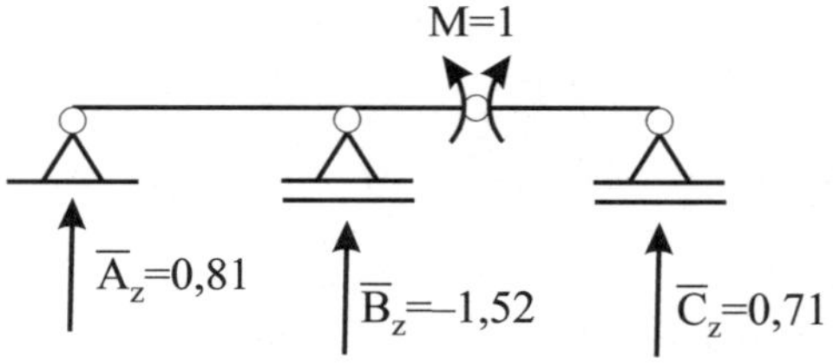

$\overline{M}$-Linie

Einheit ·/. ($^m/_m$)

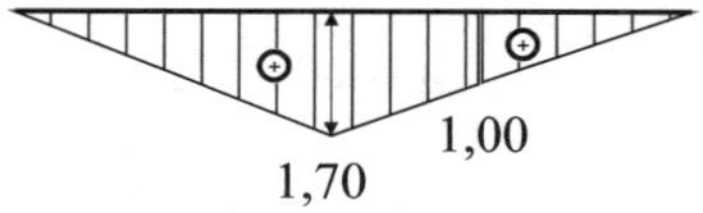

Virtuelle Auflagerkräfte

$$\sum \overline{M}_A = 0 \qquad \sum \overline{M}_3 = 0 \qquad \sum \overline{F}_z = 0 \qquad \sum \overline{F}_x = 0$$

$$\overline{B}_z = -1{,}52\ {}^1/_m \qquad \overline{A}_z = 0{,}81\ {}^1/_m \qquad \overline{C}_z = 0{,}71\ {}^1/_m \qquad \overline{A}_x = 0{,}00\ {}^1/_m$$

Berechnung der Verdrehung

gewählt: NH GKl II (S10) ▯ 12/20

$$E = 10.000\ \text{N/mm}^2 = 10.000.000\ \text{kN/m}^2 = 1{,}0 \cdot 10^7\ \text{kN/m}^2$$

$$I = 8000\ \text{cm}^4 = 0{,}000080\ \text{m}^4 = 8{,}0 \cdot 10^{-5}\ \text{m}^4$$

$$EI = 800\ \text{kN m}^2$$

$$\delta = \int \frac{\overline{M}\,M}{EI}\,dx$$

Berechnung mit Integraltafel

$$\delta_{\text{Knick}} = \frac{1}{EI}\int$$

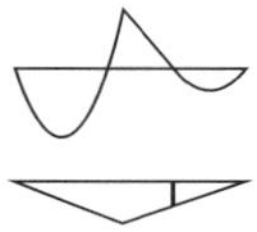

$$\delta = \frac{1}{EI}\left(\frac{\overline{M}_k M_k}{3} l + \frac{\overline{M}_k M}{3} l + \frac{2\overline{M}_i \overline{M}_k}{6} M_i\, l + \frac{\overline{M}_i M}{3} l\right)$$

$$\delta = \frac{1}{800}\left(\begin{array}{l} \dfrac{1{,}70\cdot(-2{,}39)}{3}\cdot 2{,}1 + \dfrac{1{,}70\cdot 3{,}86}{3}\cdot 2{,}1 \\ + \dfrac{2\cdot 1{,}70\cdot 1{,}00}{6}\cdot(-2{,}39)\cdot 0{,}98 + \dfrac{1{,}40\cdot 0{,}86}{3}\cdot 1{,}4 \end{array}\right)$$

$$\delta = \frac{1}{800}\left(-2{,}856 + 4{,}59 - 1{,}7 + 0{,}4\right) = \underline{\underline{0{,}000516\ \text{·/.}}}\ ({}^m/_m)$$

$$\delta^\circ = \frac{180\ \hat{\delta}}{\pi} = \frac{180\cdot 0{,}000516}{\pi} = \underline{\underline{0{,}03^\circ}}$$

Einheitenkontrolle bei anbringen eines virtuellen Moments

$$\delta = \frac{\text{·/.}}{\text{kNm}^2}\left(\frac{\text{·/.}\cdot\text{kNm}}{\text{·/.}}\cdot\text{m} + \frac{\text{·/.}\cdot\text{kNm}}{\text{·/.}}\cdot\text{m} + \frac{\text{·/.}\cdot\text{kNm}}{\text{·/.}}\cdot\text{m}\right)$$

$$\delta = \frac{\text{·/.}}{\text{kNm}^2}\cdot\frac{\text{kNm}^2}{\text{·/.}} = \underline{\underline{\text{·/.}}}$$

Aufgabe 30

System

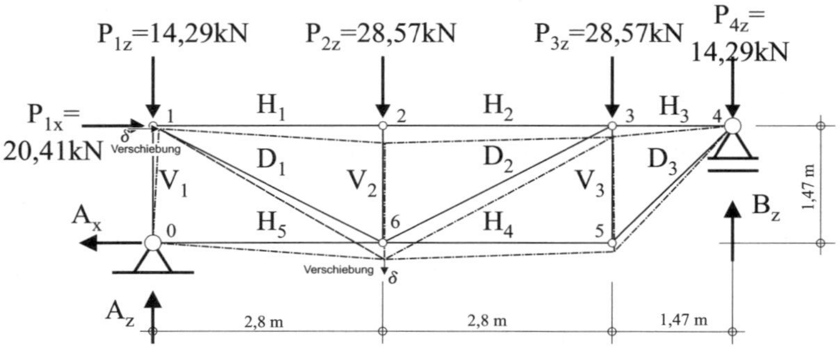

D1	D2	D3	V1	V2	V3	H1	H2	H3	H4	H5
40,7	20,7	54	–33,2	–28,6	–38,2	–57	–57	–38,7	38,7	20,4

Vertikalverschiebung am Knoten 6

Man bringt eine virtuelle Last $\overline{F} = 1$ am Knoten 6 an.

virtuelles System

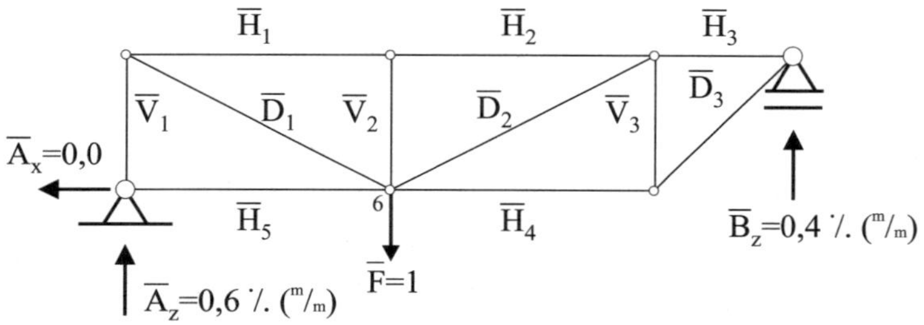

D1	D2	D3	V1	V2	V3	H1	H2	H3	H4	H5
1,30	0,85	0,56	–0,60	0,00	–0,40	–1,15	–1,15	–0,40	0,40	0,00

Berechnung der Verschiebung

gewählt: NH GKl II (S10)
Diagonalstreben ⧄ 6/12; Vertikalstäbe ⧄ 10/10;
Ober- und Untergurt ⧄ 10/20

$E = 10.000\ \text{N/mm}^2 = 10.000.000\ \text{kN/m}^2 = 1{,}0 \cdot 10^7\ \text{kN/m}^2$

Berechnung mit Integraltafel

$$\delta_N = \int \frac{\overline{N}\,N}{E\,A}\,dx$$

Beispielberechnung für Stab D1

$$\delta_{ND1} = \frac{1}{EA_{D1}} \int \square\;\square = \frac{1}{EA_{D1}} \left[N\,\overline{N}\,l\right]$$

$$\delta_{ND1} = \frac{1}{0{,}0072 \cdot 1{,}0 \cdot 10^7} \left[40{,}70 \cdot 1{,}30 \cdot 3{,}16\right]$$

$$\delta_{ND1} = \frac{167{,}196}{72000} = \underline{0{,}002322\text{m}} = \underline{\underline{2{,}322\,\text{mm}}}$$

Hier bietet sich eine Berechnung mittels Tabelle an:

Stab	Länge m	Fläche A m²	l/(EA) m/kN	N kN	$\overline{N}$	$\delta = \frac{N\,\overline{N}\,l}{EA}$
D1	3,16	0,0072	$4{,}39 \cdot 10^{-5}$	40,7	1,30	$2{,}32 \cdot 10^{-3}$
D2	3,16	0,0072	$4{,}39 \cdot 10^{-5}$	20,7	0,85	$7{,}72 \cdot 10^{-4}$
D3	2,08	0,0072	$2{,}89 \cdot 10^{-5}$	54,0	0,56	$8{,}74 \cdot 10^{-4}$
V1	1,47	0,0100	$1{,}47 \cdot 10^{-5}$	–33,2	–0,60	$2{,}93 \cdot 10^{-4}$
V2	1,47	0,0100	$1{,}47 \cdot 10^{-5}$	–28,6	0,00	0
V3	1,47	0,0100	$1{,}47 \cdot 10^{-5}$	–38,2	–0,40	$2{,}25 \cdot 10^{-4}$
H1	2,80	0,0200	$1{,}40 \cdot 10^{-5}$	–57,0	–1,15	$9{,}18 \cdot 10^{-4}$
H2	2,80	0,0200	$1{,}40 \cdot 10^{-5}$	–57,0	–1,15	$9{,}18 \cdot 10^{-4}$
H3	1,47	0,0200	$7{,}35 \cdot 10^{-6}$	–38,2	–0,40	$1{,}12 \cdot 10^{-4}$
H4	2,80	0,0200	$1{,}40 \cdot 10^{-5}$	38,2	0,40	$2{,}14 \cdot 10^{-4}$
H5	2,80	0,0200	$1{,}40 \cdot 10^{-5}$	20,4	0,00	0

$$\sum \delta = \underline{\underline{6{,}65 \cdot 10^{-3}\,\text{m}}}$$
$$= \underline{\underline{6{,}65\,\text{mm}}}$$

Horizontalverschiebung am Knoten 1

Man bringt eine virtuelle Last $\overline{F} = 1$ am Knoten 1 an.

virtuelles System

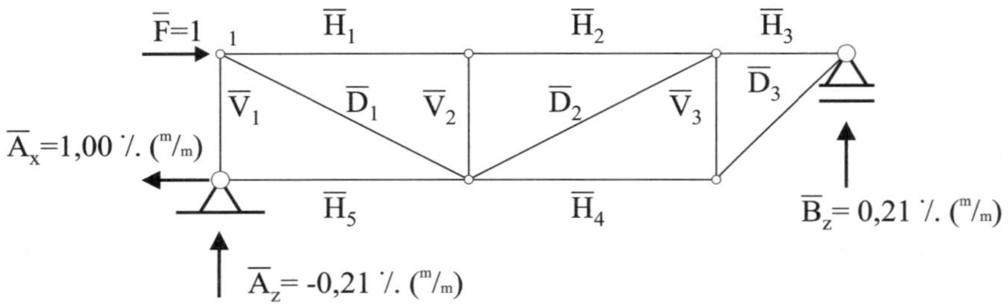

D1	D2	D3	V1	V2	V3	H1	H2	H3	H4	H5
-0,45	0,45	0,30	0,21	0,00	–0,21	–0,60	–0,60	–0,21	0,21	1,00

Hier bietet sich ebenfalls eine Berechnung mittels Tabelle an:

Stab	**Länge** m	**Fläche A** m^2	**l/(EA)** m/kN	**N** kN	$\overline{N}$	$\delta = \frac{N\,\overline{N}\,l}{EA}$
D1	3,16	0,0072	$4{,}39\cdot 10^{-5}$	40,7	-0,45	$8{,}04\cdot 10^{-4}$
D2	3,16	0,0072	$4{,}39\cdot 10^{-5}$	20,7	0,45	$4{,}09\cdot 10^{-4}$
D3	2,08	0,0072	$2{,}89\cdot 10^{-5}$	54,0	0,29	$4{,}68\cdot 10^{-4}$
V1	1,47	0,0100	$1{,}47\cdot 10^{-5}$	–33,2	0,21	$-1{,}02\cdot 10^{-4}$
V2	1,47	0,0100	$1{,}47\cdot 10^{-5}$	–28,6	0,00	0
V3	1,47	0,0100	$1{,}47\cdot 10^{-5}$	–38,2	–0,21	$1{,}18\cdot 10^{-4}$
H1	2,80	0,0200	$1{,}40\cdot 10^{-5}$	–57,0	–0,60	$4{,}79\cdot 10^{-4}$
H2	2,80	0,0200	$1{,}40\cdot 10^{-5}$	–57,0	–0,60	$4{,}79\cdot 10^{-4}$
H3	1,47	0,0200	$7{,}35\cdot 10^{-5}$	–38,2	–0,21	$5{,}90\cdot 10^{-5}$
H4	2,80	0,0200	$1{,}40\cdot 10^{-5}$	38,2	0,21	$1{,}12\cdot 10^{-4}$
H5	2,80	0,0200	$1{,}40\cdot 10^{-5}$	20,4	1,00	$2{,}86\cdot 10^{-4}$

$$\sum \delta = \underline{\underline{1{,}50\cdot 10^{-3}\,\text{m}}}$$
$$= \underline{\underline{1{,}50\,\text{mm}}}$$

Integraltafel

Integrale $\int_0^l \overline{M}(x)M(x)\,dx$ = Tafelwert $\cdot\, l$, für Prinzip der virtuellen Kräfte.

(Alle M, $\overline{M}$ sind mit Vorzeichen einzusetzen)

Nr.	i — k, x, l	$\overline{M}_i$	$\overline{M}_k$	$\overline{M}$
1	M	$\frac{\overline{M}_i M}{2}$	$\frac{\overline{M}_k M}{2}$	$\overline{M}M$
2	M_i	$\frac{\overline{M}_i M_i}{3}$	$\frac{\overline{M}_k M_i}{6}$	$\frac{\overline{M}M_i}{2}$
3	M_k	$\frac{\overline{M}_i M_k}{6}$	$\frac{\overline{M}_k M_k}{3}$	$\frac{\overline{M}M_k}{2}$
4	M_i, M_k	$\overline{M}_i \frac{2M_i+M_k}{6}$	$\overline{M}_k \frac{M_i+2M_k}{6}$	$\overline{M} \frac{M_i+M_k}{2}$
5	P, $M=\alpha\beta Pl$, αl, βl	$\frac{1+\beta}{6}\overline{M}_i M$	$\frac{1+\alpha}{6}\overline{M}_k M$	$\frac{\overline{M}M}{2}$
6	M, αl, βl	$\frac{3\beta^2-1}{6}\overline{M}_i M$	$\frac{1-3\alpha^2}{6}\overline{M}_k M$	$\left(\frac{1}{2}-\alpha\right)\overline{M}M$
7	q, $M=ql^2/8$ *	$\frac{\overline{M}_i M}{3}$	$\frac{\overline{M}_k M}{3}$	$2\frac{\overline{M}M}{3}$
8	q, hT, M, $M=-ql^2/2$ *	$\frac{\overline{M}_i M}{4}$	$\frac{\overline{M}_k M}{12}$	$\frac{\overline{M}M}{3}$
9	hT, q, $M=-ql^2/2$, M *	$\frac{\overline{M}_i M}{12}$	$\frac{\overline{M}_k M}{4}$	$\frac{\overline{M}M}{3}$
10	q, M, $M=ql^2/6$ **	$2\frac{\overline{M}_i M}{15}$	$7\frac{\overline{M}_k M}{60}$	$\frac{\overline{M}M}{4}$
11	q, $M=ql^2/6$, M **	$7\frac{\overline{M}_i M}{60}$	$2\frac{\overline{M}_k M}{15}$	$\frac{\overline{M}M}{4}$
12	q, M, hT, $M=-ql^2/6$ **	$\frac{\overline{M}_i M}{5}$	$\frac{\overline{M}_k M}{20}$	$\frac{\overline{M}M}{4}$
13	hT, q, $M=-ql^2/6$, M **	$\frac{\overline{M}_i M}{20}$	$\frac{\overline{M}_k M}{5}$	$\frac{\overline{M}M}{4}$

hT horizontale Tangente * quadratische Parabel ** kubische Parabel

	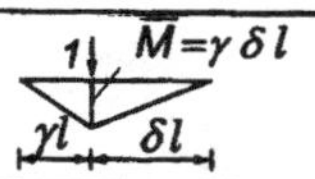	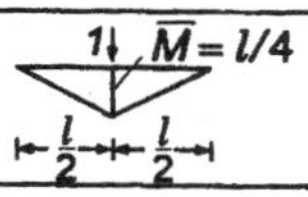	
$\frac{\overline{M}_i+\overline{M}_k}{2}M$	$\frac{\overline{M}M}{2}$	$\frac{\overline{M}M}{2}$	1
$\frac{2\overline{M}_i+\overline{M}_k}{6}M_i$	$\frac{1+\delta}{6}\overline{M}M_i$	$\frac{\overline{M}M_i}{4}$	2
$\frac{\overline{M}_i+2\overline{M}_k}{6}M_k$	$\frac{1+\gamma}{6}\overline{M}M_k$	$\frac{\overline{M}M_k}{4}$	3
$\frac{\overline{M}_i M_i+\overline{M}_k M_k}{3}+\frac{\overline{M}_i M_k+\overline{M}_k M_i}{6}$	$\overline{M}\left(\frac{1+\delta}{6}M_i+\frac{1+\gamma}{6}M_k\right)$	$\frac{\overline{M}(M_i+M_k)}{4}$	4
$\left(\frac{1+\beta}{6}\overline{M}_i+\frac{1+\alpha}{6}\overline{M}_k\right)M$	$\alpha\le\gamma$: $\frac{1-\alpha^2-\delta^2}{6\beta\gamma}\overline{M}M$ $\alpha\ge\gamma$: $\frac{1-\beta^2-\gamma^2}{6\alpha\delta}\overline{M}M$	$\alpha\le 0{,}5$: $\frac{0{,}75-\alpha^2}{3\beta}\overline{M}M$ $\alpha\ge 0{,}5$: $\frac{0{,}75-\beta^2}{3\alpha}\overline{M}M$	5
$\left(\frac{3\beta^2-1}{6}\overline{M}_i+\frac{1-3\alpha^2}{6}\overline{M}_k\right)M$	$\alpha\le\gamma$: $\frac{1-3\alpha^2-\delta^2}{6\gamma}\overline{M}M$ $\alpha\ge\gamma$: $\frac{3\beta^2+\gamma^2-1}{6\delta}\overline{M}M$	$\alpha\le 0{,}5$: $\left(0{,}25-\alpha^2\right)\overline{M}M$ $\alpha\ge 0{,}5$: $\left(\beta^2-0{,}25\right)\overline{M}M$	6
$\frac{\overline{M}_i+\overline{M}_k}{3}M$	$\frac{1+\gamma\delta}{3}\overline{M}M$	$\frac{\overline{M}M}{2{,}4}$	7
$\frac{3\overline{M}_i+\overline{M}_k}{12}M$	$\frac{1+\delta+\delta^2}{12}\overline{M}M$	$\frac{7}{48}\overline{M}M$	8
$\frac{\overline{M}_i+3\overline{M}_k}{12}M$	$\frac{1+\gamma+\gamma^2}{12}\overline{M}M$	$\frac{7}{48}\overline{M}M$	9
$\frac{8\overline{M}_i+7\overline{M}_k}{60}M$	$\frac{1+\delta}{20}\left(\frac{7}{3}-\delta^2\right)\overline{M}M$	$\frac{\overline{M}M}{6{,}4}$	10
$\frac{7\overline{M}_i+8\overline{M}_k}{60}M$	$\frac{1+\gamma}{20}\left(\frac{7}{3}-\gamma^2\right)\overline{M}M$	$\frac{\overline{M}M}{6{,}4}$	11
$\frac{4\overline{M}_i+\overline{M}_k}{20}M$	$\frac{1+\delta}{20}\left(1+\delta^2\right)\overline{M}M$	$\frac{3}{32}\overline{M}M$	12
$\frac{\overline{M}_i+4\overline{M}_k}{20}M$	$\frac{1+\gamma}{20}\left(1+\gamma^2\right)\overline{M}M$	$\frac{3}{32}\overline{M}M$	13